ALIMENTATION

DU CERVEAU

ET DES NERFS

PARIS. — IMPRIMERIE DE E. MARTINET, RUE MIGNON, 2.

ALIMENTATION

DU CERVEAU

ET DES NERFS

PAR LE DOCTEUR

O. TAMIN DESPALLES

> Sans phosphore pas de pensée. »
>
> « Dis-moi ce que tu manges, je te dirai ce que tu penses. »

Avec trois planches

PARIS

ADRIEN DELAHAYE, LIBRAIRE-ÉDITEUR

PLACE DE L'ÉCOLE-DE-MÉDECINE

1873

PRÉFACE

Il est difficile de rechercher expérimentalement les rapports entre l'intégrité de la substance cérébrale et l'intégrité de la fonction du cerveau, sans encourir le reproche d'athéisme, ou tout au moins de matérialisme.

La solution des questions dépend toujours de la manière de les poser.

Posons donc nettement celle qui nous préoccupe.

Si le matérialisme n'est autre chose que la négation d'une toute puissance créatrice ; s'il ne reconnaît en l'homme qu'une matière entrant après la mort dans d'autres combinaisons terrestres, et s'il rejette l'idée d'un principe, *enormon*, *archée*, *âme*, plus fluide que

Plus ils découvraient et plus ces grands génies s'inclinaient devant le mystère insondable de la création !

Ne sera-t-il pas permis de descendre des astres à l'homme, et d'étudier les lois matérielles immuablement fixées, sans la connaissance et le mouvement régulier desquelles, la vie terrestre est incomplète et imparfaite ?

Athéisme, matérialisme, hérésie, science, sont-ils donc synonymes ? Pourquoi ?

Qu'est-ce que la science sans l'expérimentation ?

La philosophie spiritualiste, plus orthodoxe, paraît-il. mais moins modeste que notre positivisme, puisqu'elle prétend tout comprendre, tout expliquer, Dieu et l'âme. atteindrait bien vite les dernières limites de l'empirisme, si la science ne pondérait pas ses illusions, et ne substituait pas à ce chaos d'opinions contradictoires. les résultats pratiques acquis aux sciences expérimentales et d'observation.

Nous pensons qu'il n'est raisonnablement pas possible d'admettre comme des vérités incontestables les vagues formules et stériles produits de l'imagination.

Les déviations de la pensée, les maladies nerveuses, ne sont pas plus des abstractions, des effets sans cause, que les autres maladies. La paralysie générale, l'ataxie locomotrice, l'épilepsie, la folie, la chorée ou danse de Saint-Guy, l'hystérie, enfin toute la série des névralgies et des névroses se rattachent à des lésions aussi fixes du système nerveux, que la phthisie, les scrofules, le cancer, à celles du système circulatoire, lymphatique ou sanguin.

Il n'existe pas d'affection *vitale* proprement dite ; si l'on veut bien, toutefois, ne pas considérer spéculativement le principe vital lui-même comme un organe ! Toutes les maladies dérivent d'un organe, d'un groupe d'organes ou d'un système général, dont les réactions successives de l'ensemble sur la partie, ou de la partie sur l'ensemble, la substance ou le fonctionnement sont plus ou moins troublés. Sous peine d'errer d'hypothèse en hypothèse, la médecine ne doit pas aller au delà, et pour le médecin, « la bataille des évidences ne peut se livrer désormais que sur le champ de la physique et non sur celui de la métaphysique » (L. Agassiz).

L'unique fortune de l'homme en naissant est la santé ;
sa seule préoccupation pendant sa vie, de rester sain.
Les recherches expérimentales quelles qu'elles soient,
les découvertes, les sciences, en un mot, tout ce qui
n'appartient pas au domaine exclusif de l'imagination
pure, se résume et vient se fondre dans ce grand but :
maintenir la santé.

Le principe supérieur à la médecine est donc l'hygiène ; et le plus important chapitre de l'hygiène : l'alimentation.

Au point de vue alimentaire, l'hygiène des centres
nerveux est peu observée, peu connue. Il y a pourtant
une aphosphémie nerveuse comme on constate une
anémie musculaire. Le phosphore est à la première ce
que le fer est à la seconde. Le défaut de l'un ou l'autre
de ces éléments fondamentaux devient la source d'une
multitude de maladies. Dans un grand nombre de cas,
l'aliénation mentale est suivie de ramollissement du cerveau, parce que la nourriture cérébrale manque dans
l'alimentation.

Suivant l'ordre logique de cette idée, nous avons tenté de démontrer et de tracer des règles d'hygiène cérébrale et nerveuse aussi rigoureusement scientifiques que les connaissances expérimentales actuelles le permettaient.

Pour y parvenir, et pour enlever à cet ouvrage tout caractère trop personnel, il nous a fallu grouper les principaux travaux sur la matière ; exposer les nôtres ; mettre en relief les lois générales d'équivalence qui régissent l'univers, les animaux et l'homme ; puis conclure en recommandant un régime alimentaire rationnel : *car l'homme se nourrit non de ce qu'il ingère, mais de ce qu'il digère. Dis-moi ce que tu manges, je te dirai ce que tu es.*

La stercoroscopie jouera bientôt, comme élément de diagnostic, de pronostic et de thérapeutique, un rôle immense dans toutes les recherches sur les maladies du cerveau et des nerfs. Nous en avons posé les principes généraux (1).

Les contradictions ne nous manqueront certaine-

(1) Pages 230, 231, 232.

ment pas. Elles seules affermissent la valeur des recherches.

Dans un discours à Norwich, en 1868, John Tyndall
rappelait ces paroles de l'illustre Américain Emerson :
« Il est à peu près impossible d'établir fortement une
vérité quelconque sans faire injure à une autre vérité. »

A moins, ajouterons-nous, que ces vérités, diverses
en apparence seulement, ne soient un jour l'expression
ou les assises d'une science générale, temple du progrès, à l'édification duquel doivent tendre toutes les
forces positives de l'esprit humain.

Puissent nos travaux ajouter un grain de sable à ce
monument.

CONSIDÉRATIONS GÉNÉRALES

SUR

L'ÉQUIVALENCE DES FORCES

PHYSIQUES ET VITALES

INTRODUCTION

DIEU. — L'UNIVERS. — LA TERRE.

La terre était d'abord un globe incandescent, une étincelle échappée du soleil. Aucun animal ne pouvait vivre dans sa brûlante atmosphère d'acide carbonique et d'azote.

Peu à peu la surface se solidifia, les vapeurs se condensèrent, et d'immenses végétations purent se développer. Elles réduisirent l'acide carbonique. L'oxygène mis en liberté et le carbone fixé dans leur organisme permirent à ce moment les premières manifestations de la vie. Enfin, de toutes pièces, selon les uns; de transformations en transformations, suivant les autres; après quelques milliers d'années dit l'Écriture; quelques millions de siècles répond la géologie; l'homme fit son apparition parmi les êtres, dont il se proclama le chef ou plutôt le tyran.

A peine éclose, la pensée humaine voulut connaître la cause de la vie. D'où venait l'univers? D'où venait la première plante ? D'où venait le premier animal ? Où vont-ils ? Les théologies et les philosophies épuisèrent des merveilles d'imagination pour expliquer l'origine et la fin des choses. Platon contredit Zénon. Aristote combattit Pyrrhon. Locke trouva que : « *Nihil est in intellectu quin prius fuerit in sensu.* » A quoi Leibnitz s'empressa d'ajouter : « *... nisi ipse intellectus.* » Descartes lança son : « *Cogito, ergo sum.* » Hegel déclara que tout ce qui était rationnel était réel, et que tout ce qui était réel était rationnel. Voltaire ne crut à rien. Spinosa crut à tout. Puis, après tant de siècles de dissidences et de luttes, le dernier terme de la philosophie pure en 1871 aboutit à cette monstruosité : le droit est dans la force, ou la force prime le droit !

Les doctrines médicales ne furent pas plus heureuses que les conceptions philosophiques. Hippocrate et Galien ne purent pas mieux s'entendre, que Frédéric Hoffmann et Bichat, que Barthez et Cabanis, Lordat et Rostan.

Si les diverses formes métaphysiques s'écroulent de toutes parts, le spectacle des sciences est plus consolant. D'abord obscures, incertaines, elles s'éclairent et se soutiennent mutuellement. Les savants, depuis l'origine du monde, rappellent cette magnifique parabole de Lamennais : Un voyageur trouve son chemin barré par un énorme rocher. Des deux côtés, l'abîme. Surviennent deux, trois, un grand nombre de voyageurs. Tous les bras poussent le roc, il s'ébranle. Survient un dernier voyageur, ils unissent encore leurs efforts, le rocher roule, le chemin est libre pour tous. Ainsi de la science.

Un temps viendra peut-être où les forces réunies des savants rapprocheront les connaissances humaines du point de l'infini, où commence le domaine invisible et impénétrable de Dieu.

L'homme vérifie successivement les lois de l'Univers ; mais Dieu seul connaît la cause de la loi.

Dans les dernières pages de ses immortels *Principes de philosophie naturelle,* après avoir tracé le merveilleux tableau des lois générales des mouvements des corps célestes, Newton s'adresse à ceux qui auraient pu être tentés de lui reprocher de n'avoir rien dit de la cause de la gravitation, et leur répond en ces termes :

« Rationem vero harum gravitatis proprietatum ex phænomenis nondum potui deducere, et hypotheses non fingo. Quicquid enim ex phænomenis non deducitur, *hypothesis* vocanda est : et hypotheses seu metaphysicæ, seu physicæ, seu qualitatum occultarum, seu mechanicæ, in *philosophia experimentali* locum non habent. In hac philosophia propositiones deducuntur ex phænomenis, et redduntur generales per inductionem. Sic impenetrabilitas, mobilitas, et impetus corporum et leges motuum et gravitatis innotuerunt. Et satis est quod gravitas revera existat, et agat secundum leges a nobis expositas, et ad corporum cœlestium et maris nostri motus omnes sufficiat (1).

« Oui, Newton avait raison, et nous devons répéter avec lui : *Satis est.* L'esprit le plus exigeant doit se déclarer satisfait ; car, de ces lois par lui découvertes, Newton et ses successeurs ont su faire sortir la mécanique céleste tout entière ; ces lois ont suffi à l'homme pour expliquer tous les phénomènes astronomiques découverts depuis, pour déterminer les conditions de stabilité de notre système planétaire, et pour pénétrer dans les secrets du monde stellaire. Solidement appuyé sur ces lois générales, un jour un astronome français a pu dire, sans

_____

(1) *Philosophiæ naturalis principia mathematica,* p. 550.

craindre de se tromper : Regardez dans telle direction et vous trouverez au foyer de votre lunette une planète que personne n'a encore vue ; sa distance au soleil est égale à trente fois le rayon moyen de l'orbite terrestre, la durée de sa révolution est de 164 ans 6 jours, sa masse est égale à vingt-cinq fois celle de la terre. La méthode féconde qui a conduit à de tels résultats, la méthode féconde qui a imprimé aux sciences d'observation une marche si rapidement ascendante, c'est cette méthode expérimentale dont Newton a si nettement résumé les principes généraux sous le nom de *philosophie expérimentale*. Telle que l'ont comprise et pratiquée les vrais fondateurs de la science moderne, la méthode expérimentale comprend l'expérimentation, l'observation directe, la déduction et l'induction, en un mot cet ensemble d'opérations à l'aide desquelles, de la constatation des phénomènes, l'homme s'élève à la détermination des lois de production et de succession de ces phénomènes eux-mêmes, c'est-à-dire aux lois de manifestation de leurs causes. — Ces quelques lignes, empruntés à Newton, sont l'exposé le plus complet de la véritable philosophie scientifique. Sans doute les procédés d'observation varient suivant la nature des phénomènes à étudier; mais les principes généraux de la méthode expérimentale restent invariables, sont les mêmes pour toutes les branches des connaissances humaines.

» C'est qu'en effet, d'un point de vue élevé, toutes les sciences viennent se fondre dans une grande et imposante unité : la science de l'univers (1). »

Au prédicateur et à l'historien appartient le domaine de la condition sociale et les phases du genre humain; au savant

(1) Gavarret, *Phénomènes de la vie*, 1re part. 3, 4.

l'univers des phénomènes, seul accessible à nos investigations.

Quand l'astronome, à l'aide du télescope, l'histologiste, avec le microscope, le biologiste, par l'observation et à l'aide des sciences physico-chimiques, auront découvert toutes les propriétés de la matière qui peuvent faire impression sur les sens exercés et développés; lorsqu'ils auront dégagé d'une série de faits, ce qu'il y a de général ; traduit les faits en une idée; établi les rapports des choses avec les sens en rapports avec le cerveau ; quand enfin, toutes les lois seront décrites, sans laisser place à une seule contradiction, alors le monde sera expliqué pour l'homme. Il possédera la science de l'humanité. Pour lui, il n'y en a pas d'autres.

Jusque là, nous devons dire avec Tyndhall, le savant : « Les athées prétendent qu'il n'y a pas de dieu; les théistes, eux, affirment connaître les idées de Dieu; nous nous inclinons devant ce mystère inscrutable de l'existence » ; et nous pensons avec Kant, le philosophe : « Deux choses remplissent de terreur : le ciel étoilé, et la responsabilité de l'homme sur la terre. »

La grande révolution philosophique que Kant croyait accomplir à la fin du siècle passé, avait été consommée par Descartes. Copernic avait transporté le centre de notre monde de la terre au soleil, Descartes déplace l'axe de la science ; de l'univers, il le transporte à l'esprit humain,—de l'objet au sujet.

« Les sciences toutes ensemble, dit Descartes, ne sont rien autre chose que l'intelligence humaine, qui reste unique et toujours la même, quelle que soit la variété des objets auxquels elle s'applique, sans que cette variété apporte à sa nature plus de changements que la diversité des objets n'en apporte à la nature du soleil qui les éclaire. »

Je puis douter de tout, je ne puis douter de mon doute, je ne puis douter de ma pensée.

Je pense, ce fait s'impose à moi avec une évidence absolue ; le nier serait encore penser. Je pense, donc je suis, donc l'être est.

« Je suis, donc Dieu est », dit Descartes. Si l'être existe, il a toujours existé, car rien ne naissant de rien, si l'être à un moment donné n'avait pas existé, il ne serait pas actuellement.

L'être ayant toujours existé, ne pouvant pas avoir été produit par quelque chose qui ne serait pas l'être, est nécessaire.

Cet être nécessaire, Descartes l'appelle Dieu.

Dieu est la substance.

« Lorsque nous concevons la substance, nous concevons seulement une chose qui existe en telle façon qu'elle n'a besoin que de soi-même pour exister ; à proprement parler, il n'y a que Dieu qui soit tel. »

La cosmogonie de Descartes est la première cosmogonie scientifique que relate l'histoire de l'esprit humain. Il n'est pas besoin de faire remarquer tout ce qu'elle contient de vérités et d'intuitions parfois surprenantes : composition gazeuse du soleil, aujourd'hui à peu près démontrée par Faye et Secchi ; état gazeux primitif de toutes les planètes ; feu central de la terre ; encroûtement des corps célestes par refroidissement ; variation d'éclat des étoiles due aux changements des croûtes qui se forment à leur surface (explication reprise par M. Faye) ; assimilation du soleil à une flamme, qui, à chaque instant, a besoin de nourriture pour réparer ses pertes, etc., etc. (1).

____

(1) E. Duboux, *Étude sur la physiologie de Descartes.* Paris, 1871.

Dans le système de Descartes, comme dans celui de Laplace, la matière qui compose le soleil était primitivement éparse dans toute l'étendue du tourbillon actuel.

La quantité de matière et la quantité de pensée sont constantes ou immuables comme la substance unique dont elles sont les attributs irréductibles.

Le mouvement étant le mode d'existence de la matière, la matière est nécessairement mue ; le repos absolu ne peut exister ( ).

La quantité de mouvement est constante dans l'univers, comme la quantité de matière.

La matière ne peut ni se perdre ni se créer.

Le mouvement ne peut ni se perdre ni se créer.

Tous les phénomènes matériels ne sont que des modes de mouvement.

C'est sur cette triple base que Descartes édifie la science de l'univers.

Il pressentait les découvertes de Lavoisier, comme nous venons d'indiquer qu'il entrevoyait celles de Newton.

« La chaleur est comme le grand ressort et le principe de toute la machine. »

« Le feu est l'agent le plus fort que nous connaissions en toute la nature. »

D'où provient cette chaleur ?

« Il n'est pas besoin d'imaginer que cette chaleur soit d'autre nature qu'est généralement toute celle qui est causée par le mélange de quelque liqueur. »

Elle est donc d'origine chimique. Cette idée est aussi juste que profonde.

---

(1) Vous qui imaginez si bien la matière en repos, pouvez-vous imaginer le feu en repos? (Diderot.)

De même que, chez l'adulte, le mouvement n'est qu'une transformation de la chaleur produite par les phénomènes chimiques et particulièrement par la combustion respiratoire ; de même, les phénomènes de la génération, eux aussi, ne s'accomplissent que par la transformation d'une certaine quantité de chaleur d'origine chimique.

« Quelqu'un dira avec dédain qu'il est ridicule d'attribuer un phénomène aussi important que la formation de l'homme à de si petites causes ; mais quelles plus grandes causes faut-il donc que les lois éternelles de la nature ? Veut-on l'intervention immédiate d'une intelligence ? De quelle intelligence ? De Dieu lui-même.

» Pourquoi donc naît-il des monstres ? »

Plus tard, Diderot énonçait sur le même sujet des idées très-curieuses qui devançaient et dépassaient le transformisme contemporain.

« La nature, dit-il, n'a peut-être jamais produit qu'un seul acte.

» Il semble qu'elle se soit plu à varier le même mécanisme d'une infinité de matières différentes.

» Ne croirait-on pas qu'il n'y a jamais eu qu'un premier animal, prototype de tous les animaux, dont la nature n'a fait qu'allonger, raccourcir, transformer, multiplier, oblitérer certains organes ?

» Les êtres ne sont jamais, ni dans leur génération, ni dans leur conformation, ni dans leurs usages, que ce que les résistances, les lois du mouvement, et l'ordre universel, les déterminent à être.

» Si les êtres s'altèrent successivement en passant par les nuances les plus imperceptibles, le temps, qui ne s'arrête point, doit mettre à la longue entre les formes qui ont existé très-anciennement, celles qui existent aujourd'hui, celles qui existeront dans les siècles reculés, la différence la plus grande.

» Ce que nous prenons pour l'histoire de la nature n'est que l'histoire d'un instant.

» De même que, dans les règnes animal et végétal, un individu commence, s'accroît, dure, dépérit et passe, n'en serait-il pas de même pour des espèces entières? »

« Donnez-moi de la matière et du mouvement, je vous ferai un homme », disait Descartes. Pour lui, chaleur et mouvement s'équivalaient déjà. Son puissant génie avait pressenti les bases inébranlables sur lesquelles la science contemporaine est désormais assise.

FORCES PHYSIQUES. — FORCES VITALES.

Après Descartes, d'autres phares éblouissants ont successivement éclairé le champ scientifique.

Le premier en 1687, quand cette loi de Newton : « La matière attire la matière en raison directe des masses et en raison inverse du carré des distances », vint expliquer les divers mouvements de notre système planétaire.

Le second, lorsque, après la découverte de l'oxygène par Priestley vers 1775, Lavoisier, dans son immortel mémoire à l'Académie des sciences, en 1789, conclut de ses expériences, que la chaleur animale, l'activité musculaire et l'activité nerveuse, les trois termes de la vie, étaient exactement proportionnelles à l'action comburante et à la quantité de l'oxygène de l'air, agissant sur les matériaux combustibles du sang dans les poumons et les capillaires généraux. Newton avait expliqué la circulation des mondes dans l'espace ; Lavoisier, lui, démontra comment dans le règne organique et inorganique s'établissait la circulation de la matière. Les plantes vivent du sol, les herbivores des plantes, les carnivores des herbivores; puis, par la décomposition et la combustion, les carnivores restituent leur matière au sol, pour recommencer une perpétuelle ciculation.

Enfin, en 1842, J. R. Mayer, d'Helbronn, dans son travail sur *les forces de la nature inanimée*, opéra la puissante réunion des découvertes de Newton et de Lavoisier; et poursuivant ses recherches, Joule trouva qu'une calorie équivaut à 425 kilogrammètres, c'est-à-dire que la chaleur nécessaire pour élever d'un degré centigrade, un kilogramme d'eau à zéro, égale celle que produirait un kilogramme tombant de 425 mètres sur un kilogramme d'eau à zéro, ou celle nécessaire pour soulever 425 kilogrammes à un mètre de hauteur.

Dès ce moment, la vaste synthèse des connaissances mécaniques, physiques et chimiques était opérée. Une science générale venait de naître, basée sur l'axiome fondamental inébranlable : rien ne se crée, rien ne se perd.

La chaleur solaire représente la source unique de toutes les forces qui meuvent la matière répandue dans notre espace planétaire; de même que l'existence du soleil lui-même est liée à l'existence d'un autre système solaire, ce dernier à un autre, et ainsi de système en système jusqu'au centre incommensurable d'où émane la volonté créatrice initiale de l'univers.

Rien ne se crée, rien ne se perd, tout se transforme par voie d'équivalence et de perpétuelle circulation.

Dans l'univers, l'attraction, c'est-à-dire le mouvement, la chaleur, l'électricité, la lumière, le magnétisme, présente une suite ininterrompue de permutations qui relient entre eux les astres les plus éloignés.

C'est le mouvement dans une apparente immobilité.

Sur la terre, le soleil représente toute la force disponible. Sous l'influence mécanico-physico-chimique de ses rayons, l'action réductrice des plantes contrebalance l'action comburante des animaux; les seconds consomment l'oxygène dégagé par les premières, qui réduisent de nouveau l'acide carbonique et les autres produits revenus à leur forme primitive par la combustion.

Dans les animaux, l'assimilation et la désassimilation s'équivalent, de même que la chaleur animale et la somme de la contractilité musculaire et de l'activité nerveuse se font réciproquement équilibre.

Ainsi, d'un bout de l'univers à l'autre, de l'infiniment grand à l'infiniment petit, tout se tient, tout s'enchaîne, tout se compense. La plante fixe la radiation solaire dans ses tissus, à l'état de force latente, que l'animal met en activité. Rien ne se crée, rien ne se perd ; la destruction fait équilibre et sert de base à la construction.

L'ANIMAL.

« La chaleur utilisée par les animaux est évidemment de la même nature que celle du reste de l'univers. La condition de la vie de l'animal est la cause même de sa vie.

» Considéré comme moteur, le muscle a été comparé à une machine à vapeur; le nerf peut être aussi justement comparé à un fil télégraphique; seulement, la force qu'il transmet aux diverses parties de l'organisme, et qui, suivant la pittoresque expression du regretté Matteuci, joue le rôle d'une étincelle tombant sur une masse de matière inflammable, n'est ni l'électricité ni le magnétisme, ainsi que l'a démontré Du Boys-Raymond, mais une force animale spéciale agissant par polarisation moléculaire successive avec une rapidité de 27 à 30 mètres par seconde seulement, qu'il nomme électro-motrice et électro-tonique. La vitalité des êtres, de l'homme à la plante, dépend de la vitesse de leurs combustions internes, exaltées par cette force spéciale. Dans l'animal existent donc trois grandes manifestations dynamiques, la production de chaleur, la contraction musculaire, l'action nerveuse. Sans sortir un instant du cercle de l'observation la plus rigoureuse, sans invoquer d'autre appui que celui des faits sévèrement contrôlés et définitivement acquis à la science, ces trois grandes modalités dynamiques, attributs essentiels de l'animalité, dérivent directement de l'action de l'oxygène de l'air sur les matériaux organiques du sang. La contractilité de la fibre musculaire, les activités propres de la cellule et de la fibre nerveuses, sont évidemment des modalités dynamiques spéciales, autonomes, qu'il n'est permis de confondre ni avec l'électricité, ni avec la chaleur, ni avec la lumière, etc. Mais, ne l'oublions jamais, ces activités sont des propriétés des fibres musculaires, des fibres et des cellules nerveuses. Elles tirent leur spécialité de la spécialité de composition et de texture des éléments histologiques, siége et théâtre de leurs manifestations ; ne diffèrent que par la forme des modalités dynamiques du monde extérieur, et sont reliées aux agents cosmiques dont elles émanent par la grande loi de la transformation des forces par voie d'équivalence. » (Gavarret.)

L'action de l'oxygène sur les matériaux du sang est la seule source de force dont l'animal puisse disposer. Pour accomplir tout le travail intérieur et extérieur nécessaire à la

nutrition et au développement de l'individu, à la propagation
de l'espèce et à son action sur le monde ambiant, l'animal
puise la force dépensée dans le conflit de l'oxygène emprunté
à l'air et aux substances alimentaires. Mais, en reprenant leurs
formes minérales primitives sous l'influence de l'action comburante de l'oxygène, ces substances alimentaires ne peuvent
reproduire et mettre à la disposition de l'animal que leur
énergie potentielle, c'est-à-dire la quantité de force empruntée
par le végétal à la radiation solaire pour faire passer la matière
minérale à l'état de matière organique. C'est uniquement la
force empruntée par le végétal à la radiation solaire, fixée
dans la matière organique et rendue libre par la combustion
des substances alimentaires, que l'animal utilise pour se mouvoir à la surface du sol, poursuivre sa proie, échapper aux
atteintes de son ennemi, creuser la terre, soulever ou traîner
un fardeau, etc.

La terre et l'air constituent un vaste réservoir de matière,
dans lequel le végétal puise incessamment par ses racines et
par ses feuilles. Saisie, absorbée à l'état minéral, la matière
se modifie dans les plantes, contracte de nouvelles combinaisons et passe à l'état organique. A leur tour, ces substances
organiques, fabriquées de toutes pièces par les plantes, deviennent des aliments pour l'animal, qui s'en empare, les
modifie, les absorbe, se les assimile, les brûle dans la trame
de ses capillaires généraux, et finalement les restitue en totalité
au monde extérieur, sous leurs formes minérales primitives.

Dans notre système planétaire, le soleil joue le rôle d'un
immense réservoir de force. A la surface de la terre, ses rayons
n'interviennent pas seulement comme source de chaleur; ils
agissent aussi par leurs propriétés chimiques. La plante emprunte à la radiation solaire toute la force nécessaire pour

accomplir le travail intérieur de transformation de la matière
minérale en matière organique. Cette force vive, utilisée par
le végétal, n'est pas détruite; transformée en affinité pour
l'oxygène, elle communique à la matière organisée son *énergie
potentielle*. — Le voyageur emporté sur nos voies ferrées avec
une vitesse de quinze lieues à l'heure, l'armateur dont les
paquebots sillonnent les mers, l'ingénieur dont la puissante
tarière ouvre, à travers les flancs du mont Cenis, une communication directe entre la France et l'Italie, l'industriel placé
à la tête d'une grande usine, doivent toujours se rappeler
qu'en brûlant de la houille sous la chaudière de la machine à
feu, le chauffeur ne fait que transformer en chaleur et, par
l'intermédiaire de la vapeur, en force mécanique disponible,
la force vive empruntée à la radiation solaire par les immenses
forêts dont, aux époques pré-historiques, la surface du globe
était recouverte.—« De même, le physiologiste ne doit jamais
perdre de vue que, lorsqu'il brûle dans ses capillaires généraux
les substances organiques dont il se nourrit, l'animal ne fait
que transformer leur énergie potentielle en chaleur qui, se
transformant elle-même, communique aux éléments histologiques des organes de l'économie leurs activités spéciales, et
devient ainsi la source de toute la force dont il dispose. Dans
son action sur le monde extérieur, l'animal restitue cette
chaleur tout entière au milieu ambiant, soit sous forme de
chaleur sensible, soit sous forme de travail accompli.

« Dans le cycle qu'il parcourt de sa naissance à sa mort,
l'être organisé ne produit rien, ne détruit rien; matière et
force, tout lui vient de la terre, de l'air et du soleil; il restitue tout au monde extérieur. » (Gavarret.)

Chaque molécule particulière, comme chaque astre dans
l'univers, a sa position suivant une loi inflexible ; et peut-être

que plus tard on parviendra à conclure le poulet de l'œuf,
comme les astronomes ont déduit l'existence de Neptune des
perturbations d'Uranus, ou la réfraction conique de la théorie
ondulatoire de la lumière. » (Tyndhall.)

LA PENSÉE.

Nous avons examiné rapidement la matière et la force,
abordons maintenant la plus haute expression de la nature
vivante, l'homme, la pensée.

Le principe des équivalences est-il vrai dans l'ordre moral,
comme dans l'ordre physique? Et un moment viendra-t-il
aussi, où les conditions matérielles déterminées devront
nécessairement produire un résultat moral prévu ?

L'équivalence doit-elle s'appliquer un jour aux forces
sociales, comme le veulent Carpenter et l'illustre penseur
Herbert Spencer ? (*First principles*, 1863.)

Par la matière de son corps, sa chaleur propre, la vitesse
des combustions intérieures, l'harmonie de ses organes,
l'homme est le dernier terme de la vitalisation ; il ferme le
cercle de tout ce qui existe sur la terre.

Est-il un simple anneau de la circulation de la vie dans
l'univers, et le lien entre la terre et d'autres mondes ? De
même que la chaleur et la lumière dont Julius Thomassen, de
Copenhague, a dernièrement mesuré l'équivalent mécanique,
la vie peut-elle circuler dans les espaces immenses que le
télescope et la pensée de l'astronome mesurent?

État solide, état liquide, état gazeux, matière, force, vie,
minéral, végétal, animal, telles sont les formes de tout ce qui
existe ; la vie doit donc avoir aussi son équivalent en force et
en matière !

Mais revenons aux phénomènes ! Comment les opérations physiques sont-elles associées aux faits de la pensée? Ni la matière, ni la force, ne peuvent vouloir, sentir, penser.

L'homme pense ! le cerveau est la machine, il n'est pas la pensée ! Les actes intellectuels sont intimement liés aux modifications matérielles du cerveau. Ces deux activités marchent parallèlement.

« A la suite d'expérimentations répétées, tout ce que nous pouvons dire, dans l'état actuel de la science, c'est qu'il y a pour la cellule du cerveau comme pour le muscle, comme pour le nerf, accroissement de vitesse de combustion pendant le travail, et qu'entre le travail intérieur et l'effort psychique existe une coïncidence constante; le premier est évidemment une condition du second. » (Gavarret, *Phénomènes d la vie.*)

Reste à déterminer le rapport entre une quantité donnée de chaleur et une pensée émise ou conçue.

Ainsi se trouve complété par les conditions psychiques, le cercle des transformations réciproques et équivalentes de la matière, de la force et de la vie, distribuées à la terre par le soleil.

Les expériences ont montré que les idées qui font naître les émotions produisent le plus de chaleur dans leur perception ; quelques minutes employées à réciter une poésie émouvante produisent plus d'effet que plusieurs heures de réflexion profonde.

Il est donc évident que le mécanisme de la production des pensées profondes accomplit cette conversion d'énergie bien plus parfaitement que celui qui produit simplement de l'émotion. Nous pouvons faire un pas en avant dans la même direction. Un muscle, précisément comme l'exige la loi de corrélation, développe moins de chaleur en faisant du travail que lorsqu'il se contracte sans en faire. Supposons maintenant que, outre la simple perception d'une idée par le cerveau, la pensée soit exprimée à l'extérieur par quelque signe musculaire. La conversion prend alors deux directions, et, en outre de la production de la pensée, une portion de l'énergie apparaît comme force nerveuse et force musculaire ; il doit donc apparaître moins de chaleur, suivant notre loi de corrélation. Les expériences du docteur Lombard ont prouvé que la chaleur développée par la récitation d'une poésie émouvante est toujours moindre quand cette récitation est orale, c'est-à-dire, quand elle est exprimée par le jeu des muscles. Ces résultats s'accordent avec le fait bien connu, que l'émotion trouve souvent du soulagement dans des démonstrations physiques ; l'énergie de l'émotion diminue par sa transformation en énergie musculaire. Ces faits ne sont pas établis seulement sur des preuves physiques. La chimie nous apprend que la force pensante, comme la force musculaire, vient des aliments ; elle démontre que la force développée par le cerveau, de même que celle produite par les muscles, ne provient pas de la désintégration de son propre tissu, mais de l'énergie née de la transformation du carbone qui brûle. Pouvons-nous douter encore que le cerveau lui-même soit une machine destinée à la transformation de l'énergie ? Pouvons-nous encore nous refuser à croire que, par certaines voies mystérieuses, la pensée soit en corrélation avec les autres forces naturelles ? Et cela, même en présence du fait qu'on ne l'a pas encore mesurée ? (Barker, d'Yate-Collége.)

ASS IMILATION. — DÉSASSIMILATION. — HYGIÈNE.

La réunion de tous les éléments histologiques spéciaux constitue l'organe ; la résultante de l'activité de tous ces éléments, la fonction ; l'ensemble des fonctions, la vie. La conservation de la vie se maintient par l'échange incessant des matières.

La matière, organisée suivant un type, paraît, existe, se reproduit suivant ce type, sous l'empire d'une destinée fatale, aveugle, pourvu que les éléments que l'être perd soient compensés par ceux que son milieu ambiant lui restitue exactement.

Nous ne pouvons pas plus sur la disposition, la texture, la composition fondamentale des organes que sur la fonction elle-même.

La médecine préside à la régularité des échanges.

A l'avénement de la balance, le règne d'Aristote prit fin : *Virtus sine substantia subsistere non potest* (Newton).

Le problème de la vie n'est pas autre chose que le problème de l'alimentation.

Après Newton, Lavoisier, Mayer et Joule, vinrent d'autres savants qui appliquèrent à la machine animale l'axiome de l'équivalent mécanique de la chaleur : 1 calorie équivaut à 425 kilogrammètres.

On parvint à démontrer rigoureusement que l'entretien de la chaleur humaine, de l'activité nerveuse et de la contractilité musculaire, correspondait, pour un adulte de 180 livres, à 130 grammes de matière azotée neutre (20 grammes d'azote), et à 320 grammes de carbone ou à 80 d'hydrogène (outre la perte des matières salines) ; et que sur la somme des calories produites, un cinquième seulement pouvait être utilisé par l'homme en travail extérieur. La différence est nécessaire aux fonctions internes de la vie.

Le travail utile étant proportionnel à la nourriture, on doit élever le régime progressivement, jusqu'à ce que l'oxygène inspiré dans un temps donné soit également proportionnel à la quantité de matière qu'il doit transformer en chaleur, par suite en travail.

Or, nous savons par Lavoisier qu'un homme à jeun consomme, au repos, 24 litres d'oxygène par heure, soit environ 120 litres d'air ;

Et que le même homme à jeun, pendant qu'il élevait un poids de 7 kilogrammes 343, à 200 mètres de hauteur, en 15 minutes, consommait 65 litres d'oxygène, environ 325 litres d'air. La quantité de carbone est donc facile à calculer, pour le maximum de travail utile de l'homme. D'un autre côté, la chaleur produite ne se retrouve pas dans le travail accompli. Car, ainsi que l'ont prouvé Rankine et Thompson, si tout le mouvement de l'univers se transforme en chaleur, toute la chaleur produite ne se transforme pas en mouvement. Donc, le mouvement produisant un maximum de chaleur, et la chaleur un minimum de mouvement, la différence constitue le coefficient de durée de tous les corps, astres ou animaux, qui emmagasinent cet écart de calorique sous une forme latente dans leurs condensations, leurs écorces ou leurs tissus, de façon à ce qu'elle devienne pendant la décomposition et sous l'influence de l'oxygène la source d'une nouvelle recomposition.

La mort lente est donc la conséquence fatale de la vie des astres et des êtres vivants sur la terre. Ils portent et préparent en eux-mêmes, avec les éléments de leur destruction, ceux de leur reconstitution, quand, sous une forme primitive déterminée, il n'y a plus d'échanges ni de transformations possibles.

Ainsi, l'équilibre calorifique de l'univers, cette fameuse utopie, est un rêve, une pure abstraction. Sous une forme active ou latente, matière, force, vie, sont indestructibles ; rien ne se crée, rien ne se perd.

MÉDECINE ET PHILOSOPHIE POSITIVE.

La médecine désormais tend à devenir une science exacte. Les effets et les causes pourront un jour mathématiquement être calculés. Sans espérer que l'homme, en santé, consente jamais à renfermer sa vie et sa santé dans les limites absolues et inflexibles de la loi naturelle et d'une équation algébrique, on peut croire que l'homme malade se soumettra sans doute aux exigences du moment, jusqu'à ce que, l'équilibre étant rétabli, une nouvelle cause le détruise de nouveau.

Maintenir ou ramener la chaleur humaine entre 37-38 degrés ; pondérer alternativement l'activité nerveuse par la contractilité musculaire ; étudier l'influence solaire : chaleur, lumière (1), électricité ; l'influence terrestre : pression atmosphérique, hygrométrie, magnétisme (2) sur les fonctions gé-

---

(1) MM. Decaisne, Dehérain, Dubrunfaut, ont récemment démontré que les rayons bleus et verts agissaient sur les animaux, et les rayons jaunes et rouges sur les végétaux. De là, des indications précieuses pour l'hygiène des vêtements, des tentures, etc., et pour l'horticulture.

(2) La loi de dispersion des êtres paraît pousser les flots humains de l'est vers l'ouest. Les villes s'étendent surtout à l'ouest, les spéculateurs ne l'ignorent pas. Nous obéissons, sans nous en douter, à un mouvement aussi fixe et déterminé dans cette voie que la terre elle-même lui obéit en tournant de l'est à l'ouest. Les civilisations suivent ce courant. Chine, Inde, Égypte, Grèce, Rome, Paris, Londres, le passé, le présent ; États-Unis, l'avenir. Telles sont les étapes du progrès humain depuis notre période historique. Oui, comme les astres, les plantes et les animaux,

nérales ou spéciales, au point de vue du travail et du repos ; élever ou abaisser l'alimentation selon le travail à accomplir et la quantité d'oxygène que le corps peut consommer en un temps donné, représentant la somme de chaleur transformée en travail utile ; rechercher enfin la nature et la quantité des agents organiques et minéraux nécessaires pour maintenir l'intégrité des tissus ; tel est le vaste cadre de l'avenir médical, de la mécanique, de la physique et de la chimie biologiques.

Un cheveu même a son ombre, dit Mahomet. Il ne doit pas *matériellement* exister d'effet sans cause explicable pour l'art médical.

Le triple empirisme religieux, social et scientifique s'écroule, et sur ses ruines commence à s'élever le temple de la philosophie positive qui ne sort jamais des voies sévères de l'expérience pour s'égarer dans les conceptions n'ayant d'autre guide que l'impression du moment et les réflexions philosophiques abstraites plus ou moins dirigées par le sentiment et l'imagination.

Les sciences exactes n'ont point à intervenir dans les abstractions dont le principe est inconnu, et qui ne peuvent être contrôlées. Tout récemment, dit le père Secchi (*Unité des forces physiques*, 1869), un lien inattendu a été trouvé entre les

les sociétés elles-mêmes suivent des lois invariables et tracées d'avance. Comme eux, elles naissent, croissent, se multiplient et se transforment. Dans l'ordre moral, ainsi que dans l'ordre physique, pour les individus, de même que pour les groupes sociaux, rien n'est livré au hasard ; ce qui doit arriver arrive ! Rien ne se crée, rien ne se perd ! Les hommes obéissent, à leur insu, à la même influence magnétique que la fragile aiguille de la boussole ! Et l'heure des mouvements des peuples est au cadran inconnu encore de la destinée, aussi immuablement fixée que l'heure des marées ! On calculera plus tard l'inclinaison et la déclinaison des pensées, comme le marin calcule sa longitude et sa latitude ! Lois morales et physiques doivent s'équivaloir ! Il n'existe pas d'effet sans cause ! Ce que nous savons est bien faible en présence de ce qui nous reste à connaître ! L'homme devrait être plus modeste et plus indulgent !

différents agents de la nature; ne peut-on pas supposer que la vie suit les mêmes lois, et qu'elle se perpétue comme les mouvements cosmiques par une impulsion primitivement imprimée à l'éther et qui se transmet en vertu de l'inertie ?

Tout en reconnaissant qu'il existe un principe supérieur auquel la matière doit son mouvement initial, la médecine ne s'en occupe point et ne doit pas s'en occuper. Son rôle étant de régulariser les fonctions physiques, elle laisse aux métaphysiciens le soin et le mérite de tirer des déductions plus ou moins justes de ce principe immatériel.

Nous honorons les hommes éminents qui se sont distingués par leurs conceptions philosophiques, depuis l'origine historique du monde, mais nous les abandonnons aussitôt pour nous diriger vers le phare « allumé au milieu des ténèbres de la science » (E. Saigey, *Essai sur l'unité des forces naturelles*, 1869) : une calorie équivaut à 425 kilogrammètres : le port est là.

CONCLUSIONS.

« La philosophie positive ne s'occupe ni des commence-
» ments de l'univers, si l'univers a des commencements, ni de
» ce qui arrive aux êtres vivants, plantes, animaux et hommes,
» après leur mort ou après la consommation des siècles, s'il y
» a une consommation des siècles (1). » D'autre part, elle refuse de discuter avec les métaphysiciens sur l'espace, le temps, la matière, la force, le mouvement, le moi, choses inconnaissables en elles-mêmes. Mais si elle repousse ces deux ordres de spéculations, elle conserve un champ d'action immense, l'univers des phénomènes. Le but que le positi-

(1) Littré, *Paroles de philosophie positive*, 1859, p. 33.

visme se propose, c'est d'une part la constitution « de l'en-
» semble abstrait des notions qui concernent le monde,
» l'homme et la société (1) », c'est-à-dire la philosophie des
sciences particulières, et d'autre part la constitution de la
science générale par la systématisation logique des sciences
particulières. Dans les sciences particulières qui ont le monde
pour objet, il atteint son but par l'expérience et l'observation,
par l'induction et la déduction ; il trouve les séries naturelles et les groupes naturels de faits, et les traduit en lois et
en types, symboles des séries et des groupes. Quand il prend
l'homme pour objet, il l'étudie dans son individualité subissant
l'action de son milieu physique et réagissant sur lui ; il l'étudie
aussi dans sa vie collective, dans le milieu social ; de là, deux
sciences : la biologie et l'histoire. La philosophie positive
promet dans l'avenir l'établissement méthodique des règles de
pratique qui peuvent assurer la satisfaction des besoins de
ces deux parties de l'être humain, la satisfaction de ses
besoins inférieurs de conservation organique, comme la satisfaction de ses besoins supérieurs de conservation et de développement intellectuel et moral ; elle doit donc aboutir à une
hygiène positive et à une morale positive, et d'une façon plus
générale à une médecine positive et une politique positive.
Par l'exploration de la nature et la découverte laborieuse de
ses lois, elle cherche les moyens d'agir rationnellement sur
l'avenir et de mettre fin à l'exploitation de l'empirisme.
(Cazeilles, *Circulation de la vie.*)

En toutes choses, surtout dans les sciences dont les enchaî-
nements sont si intimes, il faut se proposer nettement un but,
l'exposer brièvement et savoir se borner.

____

(1) Littré, *Aug. Comte et la philosophie positive*, 1863, p. 108.

Le système universel, le système solaire, le système terrestre, le système des êtres organisés, enfin toutes les manifestations de la force et de l'esprit unis à la matière, existent par voie d'équivalence, de transformation et de circulation. L'esprit est aussi indestructible que la force et que la matière. Nous avons pris aujourd'hui pour objet spécial de nos recherches, l'organe le plus élevé dans la hiérarchie animale, le cerveau, au double point de vue de l'hygiène et de la médecine basées sur l'échange incessant des matières pendant le travail, et la nécessité de maintenir la régularité de sa composition chimique par l'alimentation. Nous avons, en un mot, appliqué à la conservation ou au redressement de la pensée les lois de concordance matérielle et d'équivalence que l'on rencontre partout dans l'univers.

CHAPITRE PREMIER

> « Les effets du cerveau sont propor-
> tionnels à sa masse, comme les effets
> mécaniques avec celle de la substance
> musculaire. »
>
> (LIEBIG, *Chemische Briefe*, 471.)

Fourcroy, Vauquelin, John, Gmelin, Kühn, Couerbe, Orfila, Berzelius, Dumas, Chevreul, Liebig, Bibra, Frémy, Pelouze, Berthelot, Gobley, Wurtz, Hoffmann, Vogt, Moleschott, Liebreich, Bourgoin et un grand nombre d'autres chimistes ont surtout étudié le cerveau humain.

Sa composition générale se divise ainsi :

1° Eau ;

2° Matières grasses saponifiables ;

3° Matières grasses phosphorées (contenant 5°, 6°, 7°) ;

4° Corps gras fixes (cholesterine) ;

5° Matières albuminoïdes (cérébrate, cérébrine) ;

6° Le protagon (contenant 5°, 7°) (ueber protagon. O. Liebreich, 1858), alcaloïde phosphoré qui s'altère rapidement après la mort de l'animal, au contact de l'air, des alcalins ou des acides, et se transforme en acide phospho-glycérique (Frémy), en myéline (Virchow), en cérébrine azotée ou non azotée (Mueller), en neuvrine (Baeyer).

7° Lécithine, corps gras phosphoré.

8° E. N. Horsford prétend avoir trouvé une certaine proportion de fluor.

Le cerveau est peut-être de tous les tissus du corps le plus hygrométrique.

La quantité moyenne d'eau qu'il contient varie dans la substance blanche et dans la substance grise, soit une moyenne de 78 pour 100 pour le cerveau, sans distinction de substance.

Un cerveau moyen, pesant 1250, contient donc 975 grammes d'eau et 245 grammes de matières solides. *La proportion d'eau augmente à mesure que la fonction cérébrale diminue et qu'on descend l'échelle des êtres, de l'homme au zoophyte.*

QUANTITÉ D'EAU CONTENUE DANS LE CERVEAU.

AGE	CERVEAU		CIRCONVO-LUTION	CERVELET	PONT	MOELLE allongée.
	Substance blanche.	Substance grise.				
Homme.						
20 à 30 ans.........	69,56	83,36	78,47	78,83	73,46	74,43
30 à 50 ans.........	68,31	83,60	79,59	77,87	72,55	73,25
50 à 70 ans.........	70,19	83,80	79,61	78,79	72,01	72,24
70 à 94 ans.........	72,61	84,78	80,23	80,34	72,74	73,62
Femme.						
20 à 30 ans....	68,29	82,62	79,20	79,49	74,03	74,07
30 à 50 ans.........	70,31	83,06	77,29	78,98	72,20	72,98
50 à 70 ans.........	68,94	83,84	79,69	78,45	71,40	73,06
70 à 91 ans.........	72,20	83,95	80,17	79,79	72,44	73,37

(WEISBACH.)

Il y a plus de matière grise que de matière blanche :

Substance grise...................... 722
Substance blanche.................... 528
1250

D'après M. le docteur Bourgoin (1), la quantité de matières grasses et de cholestérine contenues dans 100 grammes
de cerveau frais est égale à $7^{gr},80$, ce qui donne pour un
cerveau une moyenne de 90 grammes environ ; comme
d'autre part le cerveau contient 10 grammes de cholestérine,
on voit qu'il reste 80 grammes pour les matières grasses.

Au point de vue physiologique, il convient peut-être de
diviser les matières grasses en deux sections :

1° Matières grasses proprement dites ;

2° Matières grasses phosphorées.

Les premières ne diffèrent pas des matières grasses ordinaires que l'on rencontre dans le reste de l'économie ; il y a
plus, elles paraissent soumises aux mêmes lois, et, de même
que le tissu graisseux, elles peuvent être résorbées dans les
maladies qui amènent l'émaciation.

Quant aux matières grasses phosphorées, d'après les recherches de M. Frémy, la presque totalité du phosphore est
contenue dans une combinaison complexe de la nature des
éthers, et désignée par lui sous le nom d'*acide oléo-phosphorique*.

D'après l'auteur, il y aurait de 1,9 à 2 pour 100 de phosphore contenu dans l'acide oléophosphorique, il est insoluble
dans l'alcool froid et soluble dans l'éther et dans l'alcool bouillant. Mis en contact avec de la potasse ou de la soude, il
donnerait des combinaisons savonneuses ; il est peu stable, et,
sous de faibles influences, cet acide ou mieux cet éther se dédouble en glycérine qui reste ordinairement combinée tantôt
en partie avec les acides gras, sous forme d'oléine, tantôt
avec l'acide phosphorique, sous forme d'acide glycéro-phos-

____

(1) *Journal de pharmacie*, 1866.

phorique. Ces circonstances indiquent qu'il s'agit d'un éther mixte formé en vertu de cette propriété que possède la glycérine de se conduire comme un alcool triatomique.

Prenant en considération les quatre faits suivants :

1° D'après M. Frémy, 100 parties de cet acide renferment 2 pour 100 de phosphore;

2° D'après M. Gobley, le rapport des acides gras à l'acide glycéro-phosphorique est comme 6 : 1;

3° L'acide glycéro-phosphorique contient tout le phosphore renfermé dans la combinaison;

4° L'acide oléo-phosphorique laisse à la calcination un charbon acide avec une certaine quantité de phosphate terreux, ce qui démontre que le rapport équivalent entre l'acide phosphorique et la base est plus grand que 1 à 3 ;

M. le professeur Berthelot adopte la formule suivante :

$$2C^{36}H^{36}O^4 + 2C^{34}H^{34}O^4 + PhO^5 3HO + 2C^6H^8O^6 - 3H^2O^2$$

comme pouvant interpréter les résultats précédents. Ceci est la formule d'un éther mixte monobasique : en d'autres termes, la matière phosphorée du cerveau serait un acide glycéro-léo-phospho-margarique.

D'après les recherches de M. Gobley (1), ce composé se retrouverait dans les matières grasses de l'œuf et du sang.

On pourrait essayer de chercher à en faire la synthèse en partant de la glycérine, de l'acide phosphorique et des acides gras. Les belles recherches de M. Berthelot sur la synthèse des corps gras laissent à penser que cette synthèse ne présenterait pas de difficultés sérieuses. Au surplus, un pas a déjà

____

(1) *Comptes rendus de l'Académie des sciences*, t. XXI, 1846.

été fait dans cette voie, car on sait que M. Pelouze est parvenu à combiner la glycérine avec l'acide phosphorique, et a ainsi reproduit par synthèse l'acide phospho-glycérique (1).

DÉTERMINATION DE LA CHOLESTÉRINE.

Selon de Bibra, le tiers des matières du cerveau solubles dans l'alcool bouillant et qui se déposent par le refroidissement, est constitué par de la cholestérine. Or, d'après les expériences de M. le Dr Bourgoin (2), 24 gr. 75 de matière cérébrale donnent un dépôt $=$ à 3 gr. 80, ce qui répond à 1 gr. 27 de cholestérine. Ainsi un cerveau renfermerait en moyenne 10 à 12 gr. de cholestérine.

Les expériences que nous avons commencées et que nous publierons quand elles seront complètes, permettent de soupçonner que :

1° Dans l'échelle animale, la proportion de cholestérine varie avec l'intelligence et croît jusqu'à l'homme dont le cerveau en renferme le plus ;

2° Le nombre des cellules closes correspond toujours à la faiblesse intellectuelle ou idiotie, et le nombre des pôles augmente à mesure que l'intelligence s'élève ;

3° Ce nombre de cellules closes est corrélatif des quantités de chole térine et de phosphore.

A quel état ce principe se trouve-t-il dans le cerveau? Il me semble facile de pouvoir répondre à cette question. En effet, quand on traite la matière cérébrale par l'alcool bouil-

(1) Despretz, *Composition chimique du cerveau*. Paris, 1867.
(2) *Journal de pharmacie*, 1869.

lant, on voit se former par refroidissement, au sein du liquide, une multitude de paillettes cristallines : ces lames qui sont ainsi vues par réflexion sont constituées par de la cholestérine pure ; il est donc probable qu'une partie de la cholestérine, sinon la totalité, existe dans le cerveau, libre de toute combinaison.

Il est plus difficile de dire quel est son rôle physiologique ; ce qu'il y a de certain, c'est qu'on ne peut considérer la cholestérine comme un produit étranger analogue, par exemple, aux calculs de la vésicule biliaire, car on rencontrerait ce produit accidentellement dans la masse cérébrale et en quantité variable, tandis que tous les auteurs qui se sont occupés de la composition chimique du cerveau ont toujours trouvé la cholestérine et ont pu l'isoler en grande quantité (1).

La cholestérine cérébrale semble mieux se dissoudre et offre une dissolution comme onctueuse, puis par filtration et refroidissement elle ne cristallise pas immédiatement.

Chevreul avait trouvé pour composition de la cholestérine :

$$C = 85,095$$
$$H = 11,880$$
$$O = 3,025$$

Couerbe :

$$C = 84,895$$
$$H = 12,090$$
$$O = 3,006$$

Voici un procédé fort simple pour la retirer pure du cerveau. On traite celui-ci par l'alcool bouillant, qui donne par le refroidissement la matière blanche de Vauquelin ; on épuise celle-ci par de l'éther, et la solution éthérée étant évaporée

(1) Despretz, *ouvrage cité.*

au bain-marie, donne une masse jaunâtre de cholestérine impure que l'on fait bouillir avec une solution de potasse afin de détruire les matières grasses ; on reprend par de l'éther qui dissout la cholestérine ; celle-ci est ensuite traitée par de l'alcool bouillant qui l'abandonne par le refroidissement. Ainsi obtenue, elle se présente sous forme de belles lames cristallines, douces au toucher, fusibles à 137°. D'après les analyses concordantes de Chevreul et de Payen, elle répond à la formule :

$$C^{52} H^{44} O^2.$$

Enfin, on sait que M. le professeur Berthelot est parvenu à la combiner aux acides, ce qui donne des éthers cholestériques. La cholestérine est donc un alcool qui répond à la formule générale :

$$C^{2n} H^{2n-8} O^2.$$

ou d'après Stœdeler :

$$C^{26} H^{44} O + H^2 O.$$

La cholestérine existe constamment dans la bile des animaux des classes supérieures. Elle se rencontre en quantité considérable dans les calculs biliaires, où elle fut découverte en 1775 par Conradi, et en 1782 par Poulletier de la Salle. Elle se trouve dans la substance du cerveau et des nerfs (Couerbe), le sang (Denis, Boudet, Lecanu), le jaune d'œuf (Lecanu, Gobley), la rate, le liquide de l'hydrocèle, des kystes ovariques, les tumeurs athéromateuses de la peau et de la tunique intermédiaire des artères (Robin), le pus, le tubercule, le méconium ; mais elle ne s'observe que très rarement dans l'urine, et n'existe pas dans les fèces.

On a signalé aussi la présence de la cholestérine dans le

règne végétal, pois, huile d'olive, matière grasse que l'éther enlève au gluten, huile de foie de morue, huile d'amandes, grains de maïs, etc.

D'après Hoppe Seyler (1), les globules du sang contiennent 0,04 à 0,06 de cholestérine pour 100. Dans le sérum elle varie de 0,230 à 0,019.

TABLEAU DE LA QUANTITÉ DE CHOLESTÉRINE DES DIVERS MILIEUX (2).

MILIEUX.	OBSERVATEURS.	QUANTITÉ examinée.	CHOLE STÉRINE pour 1000 parties.
Sang veineux : homme.........	Becquerel et Rodier.	»	0,090
— femme..........	Idem.	»	0,090
— femme, 35 ans...	A. Flint.	20,221	0,445
— homme, 22 ans...	Idem.	12,171	0,658
— homme, 24 ans...	Idem.	6,655	0,751
Bile humaine...............	Frerichs.	»	1,600
— de bœuf normale..	Berzelius.	»	1,000
— humaine...............	A. Flint.	14,551	0,618
Méconium...............	Simon.	»	160,000
Méconium................	A. Flint.	11,500	6,243
Cerveau humain............	Idem.	10,351	7,729
Cerveau humain..........	Idem.	9,776	11,456
Cristallin de bœuf (4 cristallins)..	Idem.	8,742	0,907

Préparation. — On prépare ordinairement la cholestérine avec les calculs biliaires pulvérisés. On les dissout dans l'alcool, et elle se dépose par le refroidissement à l'état cristallisé. Pour la cristalliser, on la fait bouillir avec une solution de potasse, puis, après le refroidissement, on recueille la masse insoluble et on la lave avec de l'alcool froid et de l'eau. Enfin on la dissout dans un mélange d'alcool et d'éther que l'on abandonne au refroidissement et à l'évaporation spontanée.

Le procédé d'extraction est un peu plus compliqué lorsque

(1) *Bulletin de la Société chimique,* 1866, t. VI, p. 244.

(2) Augustin Flint, *Recherches sur une nouvelle fonction du foie,* brochure, p. 18, 1868.

la bile est unie à des matières grasses. On pèse selon les cas
la bile, le cerveau, le sang, le sérum ou le caillot ; on les des-
sèche au bain-marie, puis, après les avoir finement pulvérisés,
on les traite à deux reprises pendant vingt-quatre heures par
l'éther, en employant environ 5 centimètres cubes pour chaque
gramme du poids originaire. On filtre et on abandonne l'éther
à l'évaporation. On reprend le résidu par l'alcool bouillant,
un centimètre cube par gramme du poids initial, on filtre
dans un entonnoir chaud et on abandonne à l'évaporation
spontanée. Le produit contient la cholestérine mêlée à des
matières grasses que l'on saponifie en les faisant digérer pendant deux heures avec une solution de potasse ; on étend d'eau
et on lave sur le filtre. Le filtre séché est épuisé par l'éther.
Puis, après l'évaporation, on reprend par l'alcool, qui donne
la cholestérine pure et qui peut être pesée. Dans l'analyse de
la matière cérébrale et de la bile, il est quelquefois nécessaire
de laver au charbon animal la première solution éthérée.

La cholestérine fond à 145° et distille dans le vide à 360.
Elle est presque insoluble dans l'eau, les acides étendus, les
dissolutions alcalines. Peu soluble dans l'alcool froid, elle se
dissout en quantité considérable dans l'alcool bouillant, l'éther,
le chloroforme, la benzine. Elle ne se dissout qu'en faible proportion dans les acides biliaires. Les dissolutions de cholestérine dévient le plan de polarisation vers la gauche de — 32°.
Cet écart, d'après Hoppe Seyler, est indépendant de la nature
des dissolvants, de leur concentration et de leur température.

M. Berthelot a montré que la cholestérine se comporte dans
quelques-unes de ses réactions comme un alcool monoato-
mique, et qu'elle peut, comme les alcools, donner naissance
à un carbure d'hydrogène et à des éthers. Il paraît plus juste
de l'assimiler à un pseudo-alcool, car elle ne peut, d'une ma-

nière simple, donner naissance à un acide. La cholestérine produit une série de dérivés comparables à ceux que donne l'alcool.

$$C^2 H^4$$

Éthylène.

$$\left.\begin{array}{l} C^7 H^5 O \\ C^2 H^5 \end{array}\right\} O$$

Éther benzoïque.

$$\left.\begin{array}{l} C^2 H^5 \\ Cl \end{array}\right\}$$

Éther chlorhydrique.

$$C^{26} H^{42}$$

Cholestérilène.

$$\left.\begin{array}{l} C^7 H^5 O \\ C^{26} H^{43} \end{array}\right\} O$$

Éther benzoïque
de la cholestérine.

$$\left.\begin{array}{l} C^{26} H^{43} \\ Cl \end{array}\right\}$$

Éther chlorhydrique
de la cholestérine.

Ces éthers s'obtiennent en chauffant la cholestérine dans des tubes fermés avec les acides organiques. Par l'action de la potasse, ils reproduisent la cholestérine, tandis que l'acide mis en liberté se combine avec la base.

La cholestérine, chauffée à 70° avec de l'acide sulfurique étendu, perd son aspect cristallin, se colore en rouge brun et donne trois carbures d'hydrogène isomériques entre eux. Pour les séparer les uns des autres, on les traite par l'eau, puis on les dissout dans l'éther. Une partie reste insoluble et représente le cholestérilène (a) qui s'obtient ensuite en aiguilles brillantes quand on le fait cristalliser dans l'essence de térébenthine. La dissolution éthérée est ensuite additionnée d'alcool qui précipite les cholestérilènes (b) et (c). On dissout dans l'éther ; le cholestérilène (b) cristallise pendant l'évaporation ; le cholestérilène (c) reste comme un produit amorphe.

L'acide phosphorique concentré, chauffé avec de la cholestérine, la transforme de même en deux carbures isomériques dont l'un, le cholestérone (a), est soluble dans l'alcool et cristallise en longues et fines aiguilles, tandis que l'autre cholestérone (b) est insoluble dans l'alcool et l'éther, mais se dissout dans les huiles essentielles et cristallise en aiguilles.

L'acide azotique transforme la cholestérine en acide cholestérique et en acide acétique et ses homologues.

Réactions caractéristiques de la cholestérine. — Lorsqu'on projette un cristal de cholestérine dans de l'acide sulfurique, et qu'on additionne le mélange de chloroforme, on voit se développer une coloration rouge de sang qui passe peu à peu au violet, au bleu, au vert, et finit par disparaître. L'acide sulfurique colore en rouge la cholestérine, et, par addition d'eau, la masse devient verte, et enfin jaune.

Une trace de cholestérine, chauffée doucement sur une capsule de porcelaine avec de l'acide nitrique, donne une coloration jaune qui passe au rouge dès qu'on ajoute de l'ammoniaque.

Un fragment de cholestérine, projeté dans de l'acide chlorhydrique contenant le 1/3 de son volume d'une solution de perchlorure de fer à 30°, donne successivement des colorations rouge, violette et bleue. Cette réaction ne réussit bien que sur la cholestérine pure.

Origine de la cholestérine. — La cholestérine, d'après les recherches de Flint, est un produit de désassimilation du tissu nerveux. Si on analyse en effet le sang des différents vaisseaux de l'économie, on observe que celui qui se rend au cerveau par la carotide interne n'en renferme pas, ou n'en contient qu'une faible quantité, tandis que le sang de la veine jugulaire en possède toujours une proportion notable. Le sang qui vient des extrémités inférieures en renferme aussi plus que le sang artériel. Ces expériences furent faites sans employer les anesthésiques qui eussent pu altérer la nutrition du cerveau.

	Quantité de sang.	Cholestérine.	Cholestérine pour 1000.
	gr.	gr.	
Sang veineux du bras (homme), 35 ans...	20,211	0.009	0,445
— (nègre), 22 ans....	12,171	0,008	0,658
— (homme), 24 ans...	6,653	0,005	0,751

Becquerel et Rodier ont donné les chiffres suivants :

Sang veineux d'un homme........ 0,09 pour 1000
—   d'une femme........ 0,09   —

Ainsi, Flint trouva dans le sang une proportion de cholestérine sept ou huit fois plus forte que Becquerel et Rodier. La seule explication qu'on en puisse donner est que ces derniers opéraient seulement sur le sérum, et Flint sur toute la masse du sang.

		Quantité de sang.	Cholestérine.	Cholestérine pour 1000.
		gr.	gr.	
1re EXPÉRIENCE. Chien adulte, taille moyenne, éthérisé	Carotide........	11,628	0,009	0,774
	Jugulaire interne.	8,733	0,007	0,801
	Veine fémorale...	8,675	0,007	0,806
2e EXPÉRIENCE. Jeune chien de petite taille.	Carotide........	9,306	0,044	0,967
	Jugulaire interne.	1,293	0,005	1,545
	Veine fémorale. .	2,911	0,005	1,028
3e EXPÉRIENCE. Chien grand et robuste.	Carotide........	9,126	0,007	0,768
	Jugulaire interne.	6,338	0,006	0,947

1re EXPÉRIENCE.

Augmentation dans le sang de la jugulaire sur le sang artériel.... 3,448 p. 100
—   veine fémorale   —   4,134 —

2e EXPÉRIENCE.

Augmentation dans le sang de la jugulaire sur le sang artériel.... 59,772 p. 100
—   veine fémorale   —   6,308 —

3e EXPÉRIENCE.

Augmentation dans le sang de la jugulaire sur le sang artériel.... 23,308 p. 100

De l'absence de la cholestérine dans le sang qui se rend au cerveau, et de sa présence dans celui des veines qui y prennent naissance, on conclut nécessairement que la cholestérine se produit dans le cerveau et est ensuite absorbée par les capillaires.

On trouve aussi un excès de cholestérine dans le sang des veines fémorales. Elle se forme donc dans les tissus qui composent les membres. L'analyse chimique prouve que les muscles ne renferment pas de cholestérine et qu'elle existe dans le tissu nerveux. Par suite, celle qui circule avec le sang qui vient des membres inférieurs, provient de la désassimilation des nerfs. L'ensemble de ces résultats doit donc faire admettre que la cholestérine prend naissance dans le système nerveux, et qu'elle y est absorbée par le sang.

Élimination de la cholestérine. — Il résulte des observations de Flint que le sang de la veine porte laisse apercevoir à l'examen microscopique de nombreux cristaux de cholestérine, que celui de l'artère hépatique en possède aussi une quantité notable, tandis que celui des veines sushépatique renferme beaucoup de matières grasses. Il faut une évaporation prolongée et une recherche attentive pour y trouver quelques cristaux de cholestérine.

L'augmentation de la cholestérine dans le sang artériel pendant son passage à travers le cerveau est de 23,307 pour 100, et la perte éprouvée en passant par le foie est de 23,309, quantités égales. Ces chiffres concordants prouvent que la cholestérine s'élimine en entier par le foie. La cholestérine s'écoule avec la bile et arrive dans l'intestin grêle, où elle subit de nouvelles transformations et se transforme en stercorine.

STERCORINE OU SÉROLINE.

Découverte dans le sang en 1833 par Boudet, décrite par lui sous le nom de séroline, la stercorine a reçu cette dénomination de Flint, qui la trouva en quantité considérable dans les fèces. D'après cet auteur, elle est un produit de transformation de la cholestérine qui, versée avec la bile à la partie supérieure de l'intestin grêle, se change en stercorine pendant son passage à travers l'intestin.

Le sérum du sang contient, selon Becquerel et Rodier, de 0,020 à 0,025 de stercorine, 0,060 comme maximum, et une quantité presque inappréciable comme minimum.

Boudet la prépare en évaporant le sérum du sang ; il reprend le résidu avec de l'eau, évapore le liquide, puis épuise le résidu par l'alcool bouillant qui, en refroidissant, laisse déposer les cristaux.

Flint l'obtient en séchant le sang et en traitant le résidu par l'éther ; puis il reprend la solution évaporée par l'alcool et ajoute de la potasse caustique qu'il laisse plusieurs jours en contact avec la dissolution. Ce procédé donne toujours de la stercorine et pas de cholestérine. Quand la potasse ne reste qu'une heure ou deux en contact avec le liquide, il n'y a pas de stercorine, mais seulement de la cholestérine. Flint conclut de cette observation que la cholestérine existe seule primitivement dans le sang, et que la stercorine prend naissance par l'action encore inconnue des réactifs.

On se procure beaucoup plus facilement la stercorine à l'aide de matières fécales. On les évapore à sec, et, après les avoir pulvérisées et traitées par l'éther pendant vingt-quatre heures, on décante, filtre et décolore le dissolvant par le charbon animal. L'éther est alors évaporé, et le résidu dissous dans l'alcool bouillant. Celui-ci est évaporé, et l'extrait traité pendant une heure ou deux par une solution de potasse caustique, à une température inférieure à celle de l'ébullition. Toutes les matières grasses saponifiables étant ainsi décomposées, on étend d'eau et on filtre. On traite le filtre sec par l'éther ; on évapore l'éther et on reprend par l'alcool bouillant qui est aussi évaporé. Le résidu consiste en stercorine pure.

La stercorine est une matière grasse non saponifiable ; elle est neutre, inodore, insoluble dans l'eau, très-soluble dans l'alcool chaud, et presque insoluble dans l'alcool froid. Les alcalis caustiques ne l'attaquent pas même après une ébullition prolongée. L'acide sulfurique y développe une couleur rouge semblable à celle qu'il produit avec la cholestérine. Suivant Lehmann, elle fond à 37° et distille à une haute température.

La quantité de stercorine fournie par la selle quotidienne normale d'un adulte en bonne santé est de 0,675. Comme les déjections ne contiennent pas de cholestérine, la stercorine doit représenter toute la cholestérine excrétée dans les vingt-quatre heures. Flint fait remarquer que ce résultat est exact si on compare le chiffre obtenu avec la quantité de cholestérine produite en un jour.

```
Quantité de bile en 24 heures (Dalton)...................  1,0975
Quantité de cholestérine à raison de 0,678, partie pour 1000.  0.678
Quantité de stercorine évaluée............................  0,675
```

La différence 0,005 est insignifiante et prouve que toute la cholestérine, en traversant le canal alimentaire, se trouve complétement transformée en stercorine (1).

COMPOSITION GÉNÉRALE DU CERVEAU.

Vauquelin conclut de ces expériences qu'il y a du phosphore combiné avec la matière grasse du cerveau, que ce corps s'est dissous en même temps que la substance grasse dans l'alcool, et termine en disant que, quoique cette matière blanche offre plus de rapports avec les graisses qu'avec toute

(1) Ern. Hardy. *Chimie biologique*. Paris, 1871.

autre classe de corps, cependant elle ne doit pas être confondue avec la graisse ordinaire ; qu'elle en diffère principalement par sa dissolubilité dans l'alcool, par sa cristallisabilité, sa viscosité, sa fusibilité moins grande, et la couleur noire qu'elle prend en fondant ; que, tout en la renfermant dans la classe des corps gras, il faut la considérer comme une espèce particulière et nouvelle.

En résumé, $24^{gr},75$ de matière cérébrale desséchée donnent $13^{gr},50$ de matières solubles qui renferment :

		gr.
Cérébrine..........................		2,09
Matière soluble dans l'éther...................		1,71
Matière (B+C) soluble dans l'alcool froid..........		7,94
Extrait aqueux.............................		1,75
	Total...................	13,49

Ces résultats permettent d'établir la composition générale du cerveau. On trouve ainsi que 100 parties de matière cérébrale renferment :

		gr.
Eau..............................		80,00
Cérébrine..........................		1,70
Cholestérine et matières grasses...............		7,80
Matières albuminoïdes.. { solubles..............		2,28
{ insolubles............		6,82
Extrait aqueux..........................		1,40
	Total.................	100,00

(Bourgoin.)

Ces résultats diffèrent beaucoup de ceux obtenus par M. Fremy, qui dit que la masse cérébrale est formée par une matière albumineuse, contenant une grande quantité d'eau, et qui se trouve mélangée avec une matière grasse particulière. En déterminant les proportions de ces différentes substances, il trouve que le cerveau de l'homme contient 7 d'albumine, 5 de matières grasses (cérébrate de soude, oléophosphate de soude, oléate de soude, margarate de soude, margarine, oléine, cholestérine) et 88 d'eau.

En examinant les matières éthérées solubles (B + C), M. le docteur Bourgoin fixe à 1^{gr},75 pour 100 la proportion de phosphore, et à 2,57 pour 100 celle de l'azote.

EXTRAIT AQUEUX.

Cet extrait est acide au papier de tournesol, ce qui tient à la présence de l'acide phosphorique ; il est très-hygrométrique ; en se desséchant, il devient dur, mais il se ramollit par l'action de la chaleur. Sa solution précipitant par l'acide azotique et par l'acide oxalique, l'auteur avait cru d'abord à la présence de l'urée ; mais un examen plus approfondi lui a démontré que ce liquide ne contenait pas d'urée ; il a dosé alors le phosphore et l'azote et a trouvé, pour le premier, 8^{gr},64 pour 100, et pour le second, 8^{gr},30 pour 100. Ce dernier résultat est intéressant, car il prouve que l'extrait aqueux contient une matière azotée, sans doute un alcaloïde, mais dont on n'a pu déterminer la nature, n'étant parvenu à isoler aucun principe défini.

DÉTERMINATION DU PHOSPHORE.

Fourcroy avait trouvé du phosphore dans le cerveau, car, dans son travail (1) sur cette substance, il dit « qu'elle contient du phosphate de chaux, d'ammoniaque et de soude. » Vauquelin (2) y rencontre aussi du phosphate acide de potasse, de chaux et de magnésie, et donne le chiffre de 1,50 pour 100 comme quantité proportionnelle de phosphore. « La matière blanche du cerveau qui se dépose par le refroidissement de l'alcool bouillant qui a servi à traiter cet organe, brûlée dans

<hr>

(1) *Annales de chimie*, t. XVI, p. 282, 1re série.
(2) *Annales de chimie*, t. LXXXI, p. 37, 1re série.

un creuset de platine, soit seule, soit avec le nitrate de
potasse, a constamment fourni de l'acide phosphorique libre
ou combiné à l'alcali. Il faut donc admettre dans cette substance l'existence du phosphore ; car nous nous sommes
assuré, par des moyens convenables, que cette matière ne
contient ni acide phosphorique libre, ni sels phosphoriques. »
Couerbe (1), dans un travail remarquable, arrive à un chiffre
plus élevé, et fixe à 2,33 pour 100 la quantité de phosphore.
Il en trouve jusqu'à 3 et 4,50 pour 100 dans un cerveau
d'aliéné. Ayant expérimenté sur un cerveau d'idiot, et ayant
rencontré beaucoup moins de phosphore, il tire les conclusions
suivantes : que la proportion de ce corps est en raison directe
de l'intelligence de l'individu, de telle sorte que la disparition
de cet élément réduirait l'homme à la triste condition de la
brute. « Il semble, dit-il, que, dans ce cas, le phosphore se
soit transformé en acide, et puis en phosphate.» Lassaigne
a soumis à l'analyse des cerveaux d'aliénés et n'a pas constaté,
dans la cérébrote qu'il en a retirée, une plus grande quantité
de phosphore que celle qu'on trouve dans les cerveaux sains.
Frémy (2), dans un mémoire qui fit époque, admet le phosphore à l'état d'acide oléophosphorique, et sa quantité varie-
rait de 1,9 à 2 pour 100. « En lavant, dit-il, l'acide cérébrique avec de l'éther qui ne le dissout pas, on obtient de
l'acide oléophosphorique qui se présente sous une forme visqueuse, car il est uni à de la soude. On traite cette substance
visqueuse par un acide, on reprend la masse par de l'alcool
bouillant qui dissout et laisse déposer par le refroidissement
de l'acide oléophosphorique. » Cet acide est toujours mélangé

---

(1) *Annales de chimie*, t. LVI, p. 160, 2ᵉ série.
(2) *Annales de chimie*, t. II, 3ᵉ série.

à de l'oléine, que l'on enlève par de l'alcool anhydre, et à de la cholestérine, dont on se débarrasse par de l'alcool. Mais il ne l'a jamais obtenu à l'état d'acide oléophosphorique pur ; il est toujours mélangé avec un peu d'acide cérébrique et de cholestérine.

M. le docteur Bourgoin (1) a expérimenté sur la matière grise et sur la matière blanche et sur les deux substances réunies. Il a trouvé que 1° le phosphore se trouvait en plus grande quantité dans la matière grise, soit 2,55 pour 100 en moyenne, tandis qu'elle n'est que de 1,89 pour 100 dans la matière blanche ; 2° que la moyenne dans la matière blanche et la matière grise était de 2,02 pour 100 ; 3° que la proportion de cet élément peut varier dans des limites assez étendues ; 4° que la moyenne étant de 2 pour 100 dans la matière cérébrale desséchée, le cerveau contient à peu près 5 pour 100 de phosphore.

Le cerveau qu'il a vu contenir la quantité de phosphore maximum est celui d'un individu dont il a fait lui-même l'autopsie, et qui était mort d'une phthisie arrivée à la dernière période. Tout le corps était d'une maigreur extrême, vingt-cinq ans environ, rien d'anormal dans la constitution. Le cerveau ne pesait que 1065 grammes, et se trouvait le moins pesant de tous ceux qu'il a examinés. Que faut-il en conclure ?

L'auteur termine par la réflexion suivante :

« En rapprochant cette circonstance de cet autre fait que le phosphore existe ici en quantité maximum, n'est-il pas naturel d'admettre que les matières grasses proprement dites et exemptes de phosphore sont résorbées en plus grande quan-

(1) *Recherches chimiques sur le cerveau*, année 1866.

tité dans le cerveau que les autres principes? Il me paraît donc probable que le cerveau, dans les maladies qui amènent l'émaciation, obéit à la loi qui s'applique aux autres tissus. »

PROTAGON ET NEURINE.

Il existe dans le cerveau une matière jouissant des propriétés des alcaloïdes. Ce corps a été récemment, en Allemagne, l'objet de recherches importantes de la part de MM. Liebreicht et Baeyer.

Le premier de ces auteurs fait dériver cet alcaloïde d'un principe défini, préexistant dans le cerveau, et qu'il désigne sous le nom de *protagon*.

Voici du reste comment il obtient ce dernier corps :

On tue un animal, on injecte de l'eau par les carotides jusqu'à ce que le liquide qui s'écoule des veines soit incolore. On obtient ainsi un cerveau débarrassé de sang ; on le dépouille de ses membranes, et on le broie dans un mortier, puis on agite la bouillie qui en résulte avec de l'eau et de l'éther dans un flacon bouché. On expose le flacon à 0°, puis on enlève la couche éthérée qui renferme la cholestérine. On répète plusieurs fois le traitement éthéré, puis on épuise la masse par de l'alcool à 85°, à la température de 45° ; on filtre, et on expose à 0° ; il se sépare alors un précipité floconneux qui doit être lavé à l'éther pour le priver des traces de cholestérine qu'il peut contenir. On reprend le résidu par de l'alcool à 45°, on évapore avec précaution, et on obtient des aiguilles microscopiques de *protagon*.

Liebreicht ayant soumis ce produit à l'analyse, a été conduit à la formule suivante :

$$C^{232}H^{241}Az^4O^{44}Ph.$$

CÉRÉBRINE.

Le cerveau contient une substance azotée, et non phos-phorée, isolée par M. Gobley, qui lui a donné le nom de cérébrine.

On obtient par la méthode suivante la cérébrine, l'inosite et la cholestérine : On broie le cerveau avec de l'eau distillée, et on ajoute à l'émulsion de l'acétate de plomb : on voit appa-raître au bout de quelque temps un trouble abondant; on passe sur un tamis et on porte à l'ébullition; il se forme un coagulum épais et un liquide clair, donnant, par le sous-acé-tate de plomb, un précipité volumineux composé d'acide urique et d'inosite; on décompose le précipité par l'hydrogène sulfuré, on filtre, et l'acide urique cristallise par évaporation; on évapore le liquide filtré jusqu'à ce que, par l'addition d'un volume égal d'alcool, il se forme un trouble; par le repos l'inosite se dépose. On épuise le coagulum que forme l'acétate de plomb, par un mélange bouillant d'alcool et d'éther, et la liqueur filtrée laisse par le refroidissement une masse blanche, floconneuse, qui devient rougeâtre et cristal-line par la dessiccation ; cette masse est formée de cholesté-rine, de lécithine et de cérébrine. En la traitant par l'éther froid, on isole la cérébrine, qui y est insoluble; la partie fil-trée, étant évaporée, abandonne une masse cristalline que l'on fait bouillir avec de l'alcool et de l'oxyde de plomb; celui-ci se combine avec les acides gras, tandis que la choles-térine cristallise par le refroidissement de la solution alcooli-que filtrée.

La cérébrine, purifiée par plusieurs dissolutions dans l'alcool, forme une poudre légère, blanche, sans saveur et sans odeur ; elle est soluble dans l'alcool et dans l'éther bouillants, et insoluble dans l'eau et dans les alcalis. Elle est sans action sur les réactifs colorés. Avec l'eau bouillante, elle forme une émulsion qui n'est altérée ni par le refroidissement, ni par l'action des alcalis, des acides ou des sels.

Traitée par l'acide sulfurique, elle donne les réactions du sucre.

Les auteurs ne sont pas d'accord sur la composition de la cérébrine, ce qui tient sans doute à ce que ce corps n'a pas été réellement obtenu à l'état de pureté. Pour se convaincre de ces divergences d'opinion, il suffit de jeter les yeux sur le tableau suivant qui résume les analyses faites par ces différents auteurs :

	COUERBE.	FRÉMY.	THOMPSON.	DE BIBRA.	MÜLLER.	BOURGOIN.
C..	67,818	66,7	67,04	66,66	68,56	66,35
H..	11,100	10,6	10,85	10,58	11,27	10,96
Az.	3,399	2,3	2,24	2,54	4,61	2,29
Ph.	2,302	0,7	0,46	0,42	»	»
O..	13,113	19,5	19,41	19,70	15,67	$20,3_0$
S..	2,332	»	»	»	»	»

LÉCITHINES.

La lécithine a d'abord été extraite, à l'état de pureté, du jaune de l'œuf, puis elle a été isolée du cerveau par des procédés à peu près semblables.

Préparation de la lécithine par le jaune d'œuf. — On précipite par le chlorure de platine une dissolution de jaune d'œuf dans un mélange d'alcool et d'éther ; on obtient un dépôt floconneux, que l'on débarrasse facilement des matières grasses en le lavant pendant un temps suffisant ; on le dissout dans l'éther et on y fait passer un courant d'hydrogène sulfuré qui précipite le métal ; on chasse l'hydrogène sulfuré de

la solution filtrée à l'aide de la chaleur et d'un courant d'acide
carbonique, et par l'évaporation il se dépose du chlorhydrate
de lécithine ressemblant à de la cire. On obtient la matière
privée de chlore, en traitant la solution éthéro-alcoolique du
chlorure par l'oxyde d'argent. Dans ce traitement, il se dissout aussi de l'argent ; on l'enlève par un courant d'hydrogène
sulfuré, et, par l'évaporation, la licithine reste comme une
masse homogène et transparente. La lécithine est très-facilement décomposable. Strecker obtint par ce procédé une des
lécithines, l'oléine-margarine-lécithine. La méthode suivante,
due à Diakonow, fournit le moyen d'en séparer les diverses
variétés.

On épuise le jaune d'œuf par l'éther tant que ce véhicule se
colore, puis on traite le résidu par l'alcool concentré, re-
froidi à —10° ; on obtient ainsi un produit solide, d'une composition constante, qui correspond à la formule $C^{44}H^{86}AzPO^{9}$,
dioléine lécithine. Le liquide qui surnage ne fournit pas de
matière solide, même par refroidissement à — 20° ; mais si on
l'évapore, on obtient une nouvelle lécithine jaune, la distéarine
lécithine, dont la formule est $C^{44}H^{90}AzPO^{9}$.

En s'appuyant sur la présence de l'acide palmitique dans
les produits de décomposition d'une autre lécithine, séparée
par sa grande solubilité dans l'éther, Diakonow admet encore
l'existence d'une troisième lécithine, la dipalmitine lécithine
$C^{40}H^{82}AzP^{9}O$.

Les lécithines se décomposent lentement à froid et rapidement à chaud. On obtient un dédoublement caractéristique
lorsqu'on les fait bouillir avec l'hydrate de baryte.

RECHERCHES DIVERSES SUR LA COMPOSITION DU CERVEAU.

Von Bibra a institué une série intéressante des plus laborieuses recherches sur la composition du cerveau.

« *Je suis arrivé, par une série de recherches*, dit-il (1), *à me* » *convaincre que le phosphore qu'on trouve dans le cerveau* » *est, il faut le dire sans restriction, une partie constitutive* » *intégrante de beaucoup de corps gras de cet organe, et, en* » *conséquence, il n'y a pas de doute qu'il ne soit d'une manière* » *générale absolument nécessaire à la composition du cerveau.*

» Il est prouvé que les cerveaux des animaux supérieurs » contiennent en moyenne plus de graisse que ceux des infé- » rieurs, et, par conséquent, plus de phosphore. Le *phosphore* » *est une partie constitutive intégrante de la graisse céré-* » *brale;* il est même vraisemblable que les graisses phos- » phorées ont une importance particulière dans l'échange des » matières du cerveau. »

Ce n'est qu'avec l'aide de cette graisse phosphorée que les éléments anatomiques du cerveau peuvent se développer. Liebig accorde que « le cerveau est le siége de la pensée, que » les effets du cerveau doivent être en proportion avec sa » masse » (2) ; donc, sans phosphore point de pensée. (Moleschott.)

On n'a, pour ainsi dire, jamais soumis le cerveau des aliénés à l'analyse chimique. Il faut savoir combien la structure du cerveau est compliquée, et que nous sommes à peine parvenus à diviser le cerveau en départements, comme une carte

<hr>

(1) *Annalen von Liebig*, t. LXXXV, p. 222.
(2) Liebig, *Chemische Briefe*, 471.

de géographie, pour comprendre qu'il est nécessaire d'acquérir plus de connaissances, ou de se donner plus de peine, employer plus de temps qu'on n'en consacre d'ordinaire aux autopsies, si l'on veut se mettre à même de soutenir, dans n'importe quel cas, que le cerveau d'un aliéné était intact dans sa composition chimique et dans sa structure. Les nouvelles recherches de von Bibra ont montré que, pour reconnaître ce qu'il peut y avoir de particulier dans le cerveau des aliénés, il ne suffit pas de doser la graisse, l'eau et les substances solides de chaque partie du cerveau (1). Pour y arriver, il faut une étude qui pénètre dans le détail, qui divise le cerveau en ses parties distinctes, et considère dans chacune de ces parties tous les éléments qui la constituent.

L'un des résultats les plus importants du travail de Bibra consiste en ce que la quantité de graisse que le cerveau contient dans 100 parties de sa substance devient d'autant plus petite que l'on descend plus bas dans l'échelle animale. L'homme a dans son cerveau plus de graisse que les mammifères, et ceux-ci plus que les oiseaux. Sans doute le bœuf se distingue par la grande quantité de graisse de son cerveau ; mais la masse du cerveau du bœuf, comparée au poids de son corps, ne s'élève pas au sixième de celle du cerveau humain (2).

Il n'est pas nécessaire qu'il y ait dans deux organes du corps des substances différentes pour que leur composition chimique ne soit pas la même ; il suffit que les mêmes substances soient combinées l'une avec l'autre dans des proportions différentes.

(1) Von Bibra, *Vergleichende Untersuchungen über das Gehirn des Menschen und der Wirbelthiere*, 113.

(2) Von Bibra, *Vergleichende Untersuchungen über das Gehirn des Menschen und der Wirbelthiere*, 22, 23, 34, 35, 120, 123, 129. Cet ouvrage substantiel démontre à chaque page l'importance des changements de la composition chimique du cerveau, selon le degré de développement des animaux.

De même que l'acide sulfureux est un corps autre que l'acide sulfurique, parce que celui-ci contient pour la même quantité de soufre un équivalent d'oxygène de plus que celui-là ; de même qu'une tasse de café produit un autre goût, suivant qu'elle tient en dissolution deux morceaux de sucre égaux en poids ou un seul ; de même aussi deux cerveaux diffèrent s'ils renferment de l'albumine, de la graisse phosphorée, ou n'importe quelle autre de ses parties constitutives, en quantités différentes. On rencontre des différences de cette espèce ; la science l'a déjà découvert. Nous avons vu que le cerveau des animaux supérieurs contient une plus grande quantité de graisse, et que celui de l'homme l'emporte sous ce rapport sur celui des mammifères. Ajoutons que ce qui caractérise le cerveau du fœtus pendant la gestation, c'est qu'il ne contient qu'une faible quantité de graisse. Chez les enfants et les petits animaux, au moment de leur naissance, la graisse a déjà considérablement augmenté, et elle augmente encore d'une manière assez rapide avec les progrès de l'âge (Scholssberger, von Bibra) (1). Lassaigne a trouvé moins de graisse phosphorée dans le cerveau du chat et dans celui de la chèvre que dans celui d'un cheval. D'après Hermann Nasse, le cerveau de la grenouille se distingue de celui des autres animaux parce qu'il contient beaucoup d'albumine et de sels (2). Le travail de von Bibra a confirmé ces résultats par des exemples détaillés (3).

Après cela, il n'est pas surprenant que Liebig écrive :

(1) Schlossberger, *Annalen der Chemie und Pharmacie*, LXXXVI, 120, 121.— Von Bibra, *Vergleichende Untersuchungen über das Gehirn*, 117, 118. — Voyez Hauff und Walther, *Annalen der Chemie und Pharmacie*, LXXXV, 48.

(2) H. Nasse, *Thierische Wärme*, in Rudolph Wagner's *Handwörterbuch der Physiologie*, 104.

(3) Von Bibra, *Vergleichende Untersuchungen*, 32, 88, 96, 104.

« Trois hommes qui se sont rassasiés, l'un avec de la viande
» de bœuf et du pain, l'autre avec du pain et du fromage
» ou de la morue, le troisième avec des pommes de terre,
» envisagent certainement à des points de vue tout à fait
» différents les difficultés qui se présentent à eux : l'effet que
» ces difficultés font sur le cerveau et le système nerveux varie
» suivant certaines parties constitutives propres aux divers
» aliments (1). » Dans un autre passage, il dit encore, avec
une égale justesse, qu'on ne peut changer l'alimentation en
allant à l'encontre de la loi de l'instinct et de la nature, « sans
» mettre en péril la santé et les activités corporelles et intel-
» lectuelles de l'homme (2). »

Si l'on carbonise le cerveau, le charbon qu'on obtient jouit
d'une réaction acide ; il rougit le papier bleu de tournesol
préalablement humecté avec de l'eau. L'acide libre qui lui
donne cette réaction n'est autre que l'acide phosphorique.

Breed a trouvé dans 100 parties de cendres 9,50 d'acide
phosphorique libre (3).

Le groupe organique du cerveau, dans la composition duquel entre le phosphore, a une grande importance. En effet,
nous savons maintenant, depuis les recherches exactes dont la
graisse phosphorée a été l'objet dans les dernières années seulement, que la quantité plus ou moins grande de phosphore
qu'on trouve dans le cerveau, est un caractère différentiel très-
remarquable des cerveaux de divers animaux. D'après Lassaigne, le cerveau et la moelle allongée du chat et de la chèvre
ne présentent pas, après leur carbonisation, une réaction aussi
acide que les mêmes parties du cheval. Le cerveau d'animaux

<hr>

(1) Liebig, *Chemische Briefe*, 600.
(2) Id., *ibid.*, 466.
(3) *Annalen der Chemie*, B. CXLIX, 5, 202, 1869.

différents contient donc des quantités différentes de graisse phosphorée (1).

RÉSUMÉ.

Si nous embrassons maintenant la composition du cerveau dans une vue d'ensemble, nous nous résumerons rapidement.

Le tissu nerveux comprend, chez l'homme : le cerveau, la moelle épinière, les ganglions nerveux et les nerfs.

Les tubes et les cellules contiennent une membrane albuminoïde extérieure, de la myéline formée de protagon et de lécithine ; dans les cellules, on trouve des noyaux, des nucléoles ; dans les nerfs, le cylinder axis, filament central qui va se relier aux pôles de la cellule.

Les tubes nerveux contenant de la myéline diffèrent entre eux par leur grosseur ; on les a divisés en tubes larges et en tubes minces. Dans le grand sympathique existent d'autres fibres, dites de Remak, qui sont sans myéline et constituées seulement par le névrilème et le cylinder axis.

Vauquelin reconnut dans le cerveau, le cervelet, la moelle épinière et les nerfs, une matière grasse, blanche, d'aspect cristallin, contenant 25 pour 100 de son poids de phosphore, soit 1 pour 100 du poids de la substance cérébrale fraîche. Lassaigne donna le nom de cérébrine à la matière blanche graisseuse du cerveau. Couerbe crut trouver dans cet organe quatre produits gras différents. MM. Frémy, Gobley, Valenciennes, fixèrent l'attention sur la grande diffusion de la substance cérébrale dans tout l'organisme, et constatèrent sa sé-

---

(1) Lassaigne, *Journal de pharmacie et de chimie*, 3ᵉ série, t. XVIII, 349.

paration en acide oléique et acide phosphoglycérique. M. Frémy regarda ces combinaisons grasses comme formées par de l'acide oléophosphorique, tandis que M. Gobley distingua deux matières, une grasse phosphorée, la lécithine, et une non phosphorée, la cérébrine. Liebreicht isola depuis une substance qu'il nomma protagon.

Il obtint ensuite une base puissante par l'action de l'hydrate de baryte sur ce corps, et lui donna le nom de neurine ou névrine, tandis qu'en même temps, prenaient naissance de l'acide phospho-glycérique et des acides gras. Les recherches de Dybkowsky et de Diakonow leur font regarder la névrine comme identique avec la choline, autrefois retirée de la bile par Strecker. Liebreicht attribue à ces bases une composition différente.

La comparaison des analyses de la cérébrine et de la lécithine conduit à considérer le protagon comme un mélange de ces deux substances.

| | CÉRÉBRINE. | PROTAGON. | LÉCITHINE. |
	D'après Müller.	D'après Liebreicht.	D'après Diakonow.
Carbone.	68,45	66,2 — 67,4	64,27
Hydrogène.	11,27	11,1 — 11,9	11,40
Azote.	4,61	2,7 — 2,9	1,80
Phosphore.	»	1,1 — 1,5	3,8
Oxygène.	15,67	»	18,73
	100,00		100,00

En équivalents, la lécithine correspondrait donc à la formule : $C^{44} H^{90} AzO\, O^{9}$

Tandis que, pour M. Gobley, elle ne contiendrait pas d'azote.

Quelles que soient les opinions des chimistes, il en est une sur laquelle tous sont absolument d'accord : que le cerveau contient, comme *caractère essentiel*, une *notable* proportion de phosphore.

Nous avons vu que, dans l'individu, l'espèce des tissus est produite par les éléments inorganiques qui en un point donné abandonnent le sang des capillaires.

C'est tout naturellement dans l'alimentation qu'est la première cause de la différence de la composition des tissus.

L'acide phosphorique prédomine manifestement dans le sang de l'homme et des animaux qui consomment surtout de la viande et du pain; et l'acide carbonique, au contraire, l'emporte quand la nourriture se compose principalement d'herbages.

Von Bibra a expressément démontré que la présence du phosphore dans la graisse cérébrale ne provient pas d'un phosphate qui y serait adhérent.

Le fer du sang des hommes et des vertébrés est remplacé dans le sang de l'escargot des vignes par du cuivre, et le phosphate du sang de l'homme l'est par du carbonate de chaux dans les moules d'étang.

S'il est vrai que la composition, la forme et la force sont réciproquement, l'une pour les autres, des conditions corrélatives; s'il est vrai qu'un changement survenu dans l'un des termes suppose chaque fois une modification tout à fait simultanée des deux autres; si, dis-je, ces propositions sont vraies pour le cerveau, il faut que les altérations matérielles que l'on y reconnaît exercent une influence sur la pensée, et réciproquement il faut que la pensée se reflète dans les états matériels du corps.

Les altérations matérielles du cerveau exercent donc une

influence sur la pensée. C'est tout naturel! la composition chimique est, pour la forme et la force, ce que le principe est à la cause nécessaire et efficiente des phénomènes.

Les organes n'acquièrent leur structure et ne jouissent de leur vitalité qu'à la condition de posséder une quantité voulue de parties constitutives inorganiques.

Mulder a établi que le fer contenu dans les globules du sang se comporte comme le fer métallique et n'est pas combiné avec l'oxygène. C'est une combinaison de carbone, d'azote, d'hydrogène et d'oxygène, à laquelle le fer s'unit, comme le soufre et le phosphore s'unissent aux mêmes éléments pour former la fibre musculaire et la cellule nerveuse.

Ainsi, sans fer pas de sang, sans soufre pas de muscles, sans phosphore pas de cerveau ; sans chlorure de potassium, phosphates de potasse et de magnésie, pas de muscles : ce sont les sels des muscles ; sans chlorure de sodium et phosphate de soude pas de cartilages, sans phosphate de chaux pas d'os : ce sont les sels des cartilages et des os, comme le fluor en est le métal.

C'est toujours par exception que le cerveau des vieillards conserve la force de l'âge mûr. A quatre-vingt-cinq ans Newton discutait l'Apocalypse et les prophéties de Daniel !

En résumé : 1° d'après les pesées de Peacock, le cerveau humain croît jusqu'à vingt-cinq ans, reste stationnaire jusqu'à cinquante, et à partir de ce moment les matières grasses ordinaires ou le liquide céphalo-rachidien augmentent tandis que les éléments phosphorés diminuent ;

2° Une faible proportion de phosphore correspond toujours à un grand nombre de cellules closes, et à la faiblesse intellectuelle ;

3° La cholestérine paraît jouer le rôle d'isolateur entre les

cellules, l'enveloppe et les nucléoles ; entre les fibres, le névrilème et le filament axile ; peut-être joue-t-elle aussi celui
d'agent excitateur du système nerveux, au même titre que la
choline du foie, dont Dybkowsky a récemment prouvé qu'elle
avait la même composition chimique ; en outre, la choline ne
préexiste pas dans la bile (1). On ne peut l'obtenir d'une
dissolution éthéro-alcoolique du tissu du foie ;

4° Si l'organisme trouve dans le carbone, l'azote, l'hydrogène, l'oxygène, les éléments des combinaisons les plus
variées,

Si avec

$$C^{34} H^{18} Az O^6$$

la nature produit la morphine qui endort, avec

$$C^8 H^5 Az^2 O^2$$

la caféine qui réveille, et avec

$$C^{10} H^8 Az$$

seulement la nicotine qui foudroie, il lui est impossible de
faire la cellule cérébrale sans phosphore ; il constitue le principe minéral caractéristique du cerveau, comme le fer est
celui des globules du sang ; sans matière phosphorée pas de
cerveau, sans cerveau pas de pensée, donc sans phosphore pas
de pensée. (Moleschott.)

(1) Dybkowsky, *Ueber die Identitat der Neurin und der Cholin.*

CHAPITRE II

En quittant la verte vallée du Cédron on entre dans celle de Josaphat.

Rien n'est plus désolé, plus triste, que le spectacle de ces nombreuses pierres sépulcrales groupées autour de trois tombes taillées dans le roc même : celles de Zacharie, de Josaphat et d'Isaïe ou d'Absalon. La partie supérieure de la dernière formait une boulé avec cette inscription mystérieuse : « Dans la tête se trouve le cerveau. » Les Arabes ont brisé l'enveloppe de pierre pour voler les bijoux que, dit-on, la cassette de granit contenait. Cassette précieuse, en effet, car elle renferme, comme la boîte de Pandore, tous les biens, tous les maux et toutes les espérances de la vie.

A mesure que nous voyons les animaux s'élever dans l'échelle de l'organisation, leur système nerveux devient plus volumineux, leur cerveau plus vaste et plus compliqué. Le système nerveux se développe depuis les zoophytes, chez lesquels il n'existe encore que des molécules nerveuses, en remontant d'abord aux vers, aux insectes, dans lesquels on trouve des cordons nerveux avec des ganglions; en s'élevant ensuite aux crustacés, aux mollusques, parmi lesquels existent plusieurs masses ganglioniques nerveuses, jusqu'aux animaux doués d'une colonne vertébrale, osseuse, articulée : chez ces espèces, depuis les poissons, en remontant aux classes des reptiles, des oiseaux, puis des quadrupèdes vivipares, jusqu'à l'homme, on observe une gradation bien manifeste de renforcement du système nerveux spino-cérébral. L'intelligence des animaux s'accroît dans la même progression ; de sorte qu'on parvient à l'homme par nuances à peu près successives, comme il est facile de le remarquer en passant du chien aux singes, à l'orang-outang, de celui-ci au nègre hottentot, et de là à l'homme blanc, à l'Européen le plus industrieux et le plus éclairé. Les animaux se relèvent progressivement vers la station droite, de manière que l'attitude la plus directe coïncide avec le cerveau le plus complétement développé. La nature est ainsi parvenue, à ce qu'il nous semble, au faîte de la perfection organique, en créant l'homme sur la terre.

La loi de Sœmering que le cerveau humain, comparé à la masse des nerfs, est plus grand que le cerveau de n'importe quel animal (1), et les observations de Gratiolet sur la nature, la profondeur, la régularité, le nombre des circonvolutions cérébrales, sont la base de l'anatomo-physiologie comparée.

Suivant ce dernier, l'homme, l'orang-outang et le chimpanzé, ont des circonvolutions sur le lobe moyen ; chez tous les autres singes, ce lobe est lisse.

Entre le lobe occipital et le lobe pariétal, dans la scissure de Rolando, le cerveau de l'homme présente deux circonvolutions qui manquent chez les singes les plus élevés. (Gratiolet, *Annales des sciences naturelles,* 3ᵉ série, t. XIV.)

La grandeur du lobe frontal de l'homme, ainsi que le plus ou moins de développement du cerveau par rapport au

---

(1) Avant Sœmering, on comparait le poids du cerveau au poids du corps : d'où il résultait que l'homme gras devait *mieux* penser que l'homme maigre ; et la souris être plus intelligente que le chien ou le singe.

cervelet (:: 1 : 9, chez l'homme), constitue aussi une différence bien tranchée entre le cerveau du singe le plus avancé
dans l'échelle de l'ordre et le sien.

La loi de recouvrement du cervelet par le cerveau atteint
son maximum chez l'homme. (Tiedmann, Leuret, *Anatomie
comparée*.)

Toutes ces observations prouvent que, les autres organes
étant semblables, l'homme doit sa supériorité sur les autres
animaux à la qualité, à la quantité et à la forme de son cerveau, dont le poids moyen, comparé à celui de son corps, est ::
1 : 28.

Le cerveau de Cuvier pesait, dit-on, 1829 grammes; celui
de Cromwell, 2231 ; de Byron, 2238; celui de Dupuytren,
1436.

Les statistiques de Robert Boyd fixent le poids moyen du
cerveau de l'homme à 1325 grammes, et celui de la femme
à 1222. Celui des idiots descend parfois jusqu'à une livre.

Enfin, des pesées opérées par Bergmann et Parchappe
indiquent 1815 et 1750 grammes pour des cerveaux d'a-
liénés.

A première vue, le cerveau d'un mouton est plus ondulé
que celui d'un chien ; mais les circonvolutions du dernier sont
plus profondes et plus denses. En résumé, il est donc évident
que le développement de l'intelligence correspond non à une
disposition particulière, mais à l'ensemble des conditions
d'existence du cerveau humain.

Dans un musée à Munich, en apparence le plus beau cerveau de la collection appartenait à un brave savetier, sans
aucune prétention au génie.

D'une manière générale, le poids et le volume de l'encéphale sont corrélatifs. Ils varient pour les vertébrés, suivant

la classe ; pour l'homme, selon les races, le sexe ; pour les individus, selon l'âge et le degré d'activité imprimée à la fonction, aussi selon la stature, la santé ou la maladie.

VOLUME DU CERVEAU.

M. Broca a étudié le volume du cerveau et celui du crâne, d'après les âges, les sexes, la condition sociale et les races. Dans un mémoire, communiqué en 1861 à la Société d'anthropologie (*Du volume et de la forme du cerveau suivant les individus et suivant les races*), cet auteur est arrivé aux résultats suivants :

Le poids moyen du cerveau croît relativement dans les deux sexes, d'une manière continue, de 20 à 40 ans ; il reste stationnaire ou à peu près de 40 à 50, pour décroître plus tard. Le cerveau de la femme, abstraction faite de la taille, est notablement plus petit que celui de l'homme, ce que démontre nettement le tableau suivant :

	Poids moyen du cerveau.		En centièmes.	
	Femmes.	Hommes.	Femmes.	Hommes.
De 21 à 30 ans.	1249	1341,53	100	107,4
31 à 40 ans.	1262	1410,36	100	111,7
41 à 50 ans.	1261	1391,41	100	110,3
51 à 60 ans.	1236,13	1341,19	100	108,58
61 et au delà	1203,43	1326,21	100	110,20

Suivant M. Broca, le poids moyen du cerveau est en rapport avec la force et l'activité de l'intelligence ; on le trouve plus élevé chez les hommes livrés aux travaux de l'esprit ou appartenant aux classes les plus éclairées, que chez les individus incultes et les ouvriers. Des mensurations plus récentes, pratiquées à Bicêtre, sur des têtes d'hommes vivants, lui on fourni les données suivantes :

	Moyenne de 25 élèves.	Moyenne de 23 infirmiers.	Différences
Circonférence horizontale.........	567,12	549,04	18,08
Sa partie antérieure..............	284,08	272,39	11,69
Sa partie postérieure........·.....	283,04	276,65	6,39

Les différences sont, comme on peut le voir, en faveur des 25 élèves en médecine. — M. Broca fait observer que le développement de la tête des hommes intelligents porte surtout sur la région frontale.

Il existe aussi une différence notable quant au développement du crâne, et par conséquent du cerveau, chez les différents peuples de l'Europe, chez les Américains et surtout chez les nègres de l'Afrique. La capacité des crânes d'Européens est, suivant cet observateur, de 1460 à 1530 centimètres cubes ; celle des nègres de l'Océanie descend à 1253, et celle des Australiens à 1228.

CIRCONVOLUTIONS CÉRÉBRALES.

En s'aidant de l'anatomie et de la physiologie comparées, si l'on tient compte de ces deux conditions, volume du cerveau et augmentation de superficie, il nous semble qu'on pourra, *en général*, établir un parallèle de quelque valeur entre la prééminence des facultés intellectuelles et la prépondérance des lobes cérébraux.

Desmoulins (1) a avancé que le nombre et la perfection des facultés intellectuelles, dans la série des espèces, et dans les

______

(1) Desmoulins, *Anatomie du système nerveux des animaux vertébrés*. Paris, 1826, 2ᵉ partie, p. 606.

individus de la même espèce, sont en proportion de l'étendue des surfaces cérébrales ; que l'étendue de ces surfaces est en raison du nombre et de la profondeur des circonvolutions.

Suivant Desmoulins : 1° le dauphin est l'animal qui a le plus de circonvolutions ; 2° celles-ci, dans les chiens, et surtout dans les chiens de chasse, ne sont guère moins nombreuses ni moins profondes que dans les singes, et même dans l'homme ; 3° les ouistitis, qui n'ont guère plus de circonvolutions que les écureuils, n'ont qu'une intelligence analogue à celle des écureuils, et fort inférieure à celle des autres singes ; 4° les chiens, qui ont des sillons plus nombreux au cerveau que n'en ont les chats, l'emportent sur les chats en intelligence ; 5° les sarigues, les édentés, les tatous, les paresseux, les rongeurs, n'ont pas de plis à leur cerveau ; ils sont moins intelligents que les chiens et les chats.

A la vérité, Leuret fait observer que Desmoulins a négligé de tenir compte de plusieurs faits contraires à son système : ainsi, l'étendue de la surface cérébrale des ruminants, dont Desmoulins ne parle pas (celle du mouton en particulier), est, suivant Leuret, proportion gardée, supérieure à celle du chien, du chat, du renard, etc., qui l'emportent en intelligence sur le mouton.

Malgré l'importance de cette objection, quand on considère que les animaux inférieurs n'offrent jamais d'ondulations ou circonvolutions cérébrales, que les animaux supérieurs en sont toujours pourvus, et que, chez l'éléphant par exemple, de tous le plus intelligent, ces circonvolutions sont très-nombreuses et se rapprochent le plus par leur arrangement de celles de l'homme, il devient bien difficile de ne pas admettre qu'en général la présence ou l'absence des circonvolutions cérébrales doive avoir, comme condition organique, une étroite liaison avec le développement de l'intelligence.

Dans l'espèce humaine, la profondeur des anfractuosités est infiniment variable chez les différents individus : c'est là un fait que nous avons constaté sur bien des cerveaux, en choisissant toujours, pour établir nos mesures, des anfractuosités qui étaient constantes et qui d'ailleurs se correspondaient. Il en résulte qu'à volume égal, deux cerveaux peuvent présenter des surfaces bien différentes en étendue (1) : or, si l'on veut admettre qu'ici, en effet, l'étendue des surfaces a de l'influence sur l'activité fonctionnelle, serait-il défendu de faire servir de pareilles différences anatomiques à l'explication des différences individuelles que qu'offre le développement intellectuel ? Quoi qu'il en soit, la crânioscopie est inhabile à révéler les variétés de dispositions dont il s'agit ; elle signale quelquefois, et le plus souvent elle croit signaler, les saillies des circonvolutions, mais elle néglige forcément la profondeur des anfractuosités, c'est-à-dire, en raisonnant d'après la doctrine de Desmoulins, une particularité organique pouvant avoir une grande influence sur l'intensité de la fonction.

Il faut encore noter que la couche corticale des lobes cérébraux présente, chez les divers individus, des différences notables d'épaisseur : ce fait peut avoir, au point de vue auquel nous nous plaçons, une grande importance phy-

(1) Les volumes sont entre eux comme les cubes des diamètres et les surfaces comme les carrés. Le volume d'un corps qui grandit croit donc plus rapidement que sa surface : πR^3 que πR^2. Le volume du cerveau du chien est à son corps dans la même proportion que celui du mouton ; mais la surface se trouve proportionnellement plus petite, et, pour atteindre un développement égal ou supérieur, il faut qu'elle se replie et s'enroule pour former les anfractuosités plus ou moins profondes.

(2) Willis, *De anat. cerebri*, etc. In-12, Amsterdam, 1683, cap. x, § 4, p. 76.

siologique, surtout si l'on veut accepter avec Willis, Vieussens (1), etc., que la substance corticale est la partie réellement
active des hémisphères cérébraux, et, avec Foville (2), qu'elle
doit être regardée comme le siége des facultés intellectuelles.
Ainsi sachons donc que deux cerveaux, de volume égal, peuvent offrir une quantité fort différente de substance corticale,
soit parce que, l'épaisseur de cette substance étant pourtant
la même dans les deux cerveaux, l'étendue de leur surface
varie par suite de la profondeur différente des anfractuosités ;
soit parce que, l'étendue des surfaces étant la même, la couche corticale a plus d'épaisseur dans un cerveau que dans
l'autre. — Ajoutons que le degré de vascularité de la couche
corticale nous a paru aussi être très-variable.

Il est peut-être permis de croire que toutes ces variétés
d'organisation individuelle, qu'on ne saurait non plus apprécier à l'aide de la crânioscopie, ne sont pas sans influence
sur la puissance et l'étendue de l'intelligence, surtout quand
on considère que les circonvolutions, d'ailleurs petites et atro-
phiées, de beaucoup de cerveaux d'idiots, ne sont revêtues,
relativement à l'état normal, que d'une quantité peu considérable de substance corticale partiellement décolorée ou atro-
phiée, ou quelquefois même détruite sur une assez grande
surface (3).

Du reste, chez les idiots aussi, à part les hémisphères
cérébraux, les autres parties de l'encéphale sont ordinaire-

---

(1) Vieussens, *Nevrogr. univers.* Lyon, 1685, cap. XVIII, p. 113.

Nota. — Willis et Vieussens considèrent la substance grise comme destinée à
produire la force nerveuse, et la substance blanche comme appelée à *transmettre*
cette force aux cordons nerveux et de là aux divers organes de l'économie. (Longet.)

(2) Foville, art. ENCÉPHALE et ALIÉNATION MENTALE du *Dict. de méd. et de chirurg.
prat.*

(3) Foville, art. ALIÉNATION MENTALE, t. I, p. 553 du *Dict. cité.*

ment bien conformées; autre preuve que c'est en effet dans ces hémisphères qu'il faut surtout chercher le siége des facultés supérieures de l'esprit.

Dans les espèces animales et dans l'espèce humaine, la supériorité de l'intelligence paraît d'autant plus elevée, que les anfractuosités du cerveau montrent plus de sinuosités, plus de profondeur dans les sillons, plus d'empreintes et de ramifications, d'asymétrie et d'irrégularité. Les stries, très-visibles sur le cerveau de l'adulte, ne se montrent pas sur celui de l'enfant; le cerveau de Beethoven présentait des anfractuosités une fois plus profondes et plus nombreuses que celles du cerveau ordinaire (1).

D'après la remarque judicieuse de Leuret (2), l'école de Gall a commis une singulière méprise : ayant vu que le front des animaux fuit en arrière, au point de s'abaisser presque au niveau des os propres du nez, on a conclu de cet abaissement à la diminution proportionnelle de la partie antérieure du cerveau, sans considérer que, chez les animaux, la cavité crânienne n'est pas au-dessus, mais en arrière des orbites, ce qui place le cerveau en arrière de la face et non au-dessus d'elle. Pour déterminer le *volume relatif* de la partie antérieure du cerveau chez les animaux, il faut donc, suivant Leuret, non pas considérer la saillie du cerveau au-dessus des os de la face, mais comparer les cerveaux entre eux, les circonvolutions entre elles, et choisir, dans le cerveau lui-même, un point fixe qui serve de départ pour diviser chaque lobe en partie antérieure et en partie postérieure. Or cet observateur a choisi le corps calleux : tout ce qui est en avant de ce

(1) Wagner, Procès-verbal de dissection.

(2) Leuret, *Anatomie comparée du système nerveux considéré dans ses rapports avec l'intelligence.* Paris, 1839, t. I, p. 439 et suiv.

corps, il l'appelle partie antérieure ; tout ce qui est en arrière de lui, il le nomme partie postérieure. On trouve dans son bel ouvrage un tableau détaillé, dans lequel des mammifères sont rangés d'après la longueur relative de la partie antérieure du cerveau. Le développement de cette partie antérieure, comme le volume des circonvolutions qui s'y rencontrent chez le mouton, le cheval, le bœuf, etc., est très-considérable, si on le compare au développement de la partie correspondante chez des animaux beaucoup plus intelligents, tels que le chien, le renard, l'éléphant, et surtout les singes. En effet, en examinant la coupe du cerveau des uns et des autres, on trouve qu'au-dessus et en avant du corps calleux la masse cérébrale s'arrondit et s'élève chez les premiers, tandis que la disposition contraire a lieu chez les derniers.

Leuret a également rangé les animaux portés dans son premier tableau d'après le développement des lobes cérébraux en arrière du corps calleux. On y voit, par exemple, que le mouton, la chèvre, le cavia-paca, l'âne, ont comparativement ces lobes moins développés en arrière que le chien et le renard, ceux-ci moins que le chat et le lion, au-dessus desquels se trouvent l'ours et la loutre. L'éléphant et tous les singes l'emportent, sous le rapport dont il est ici question, sur les animaux précédents, et en tête de tous se trouve le marsouin. L'homme, sous ce point de vue, l'emporte sur tous les autres mammifères.

Si le lapin, le kanguroo, le chameau, ne se trouvaient pas compris dans la première colonne, on serait porté à croire que le développement de la masse cérébrale postérieure est d'autant plus considérable, que les animaux sont plus élevés dans l'ordre intellectuel. Nouvelle preuve de la nécessité de multiplier les observations, avant de tirer des conclusions de celles qu'on a faites. Tiedemann (1), Spix (2) et Neumann (3) avaient déjà signalé l'opposition de développement entre les parties antérieure et postérieure des lobes cérébraux ; ces deux derniers auteurs y avaient même trouvé la base d'un système en vertu duquel l'intelligence aurait son siége dans les lobules postérieurs ou occipitaux.

Ce ne seraient donc point, relativement aux hémisphères cérébraux de l'homme, les parties antérieures du cerveau qui tendraient à s'amoindrir chez les mammifères, mais plutôt ses parties postérieures. Puis, en raisonnant d'après les principes de Gall, il y aurait, comme on vient de le voir, beaucoup plus d'organes intellectuels chez le mouton que chez le chien, le premier ayant la partie frontale des lobes cérébraux relativement beaucoup plus large et plus ondulée que le second. — Guidé par cette observation, Leuret (4) tenta, auprès de plusieurs personnes qui cultivaient la phrénologie *avec distinction*, depuis un grand nombre d'années, une expérience dont il rend compte dans les termes suivants : « Il m'est arrivé plusieurs fois, en montrant ma collection de cerveaux à des phrénologistes, de leur présenter en même temps un cerveau de chien de berger et un cerveau de mouton, en leur disant : des deux animaux porteurs des cerveaux que vous voyez, l'un conduit l'autre ; montrez-moi le conducteur ? Tous, sans hésiter, ont désigné le cerveau du mouton. Et ils

(1) Tiedemann, *Icones cerebri simiorum*, etc. Heildelberg, 1821.

(2) Spix, *Cephalogenesis, sive capitis ossei structura, formatio et significatio per omnes animalium classes, familias, genera ac ætates, digesta atque tabulis illustrata, legesque simul psychologicæ et physionomicæ inde derivatæ*. Munich, 1815, in-fol., 18 pl. — Spix fait résider spécialement l'*imagination* dans les lobes postérieurs.

(3) Neumann, *Die Krankheiten des Vorstellungsvermögens syst. bearbeitet*. Leipzig, 1822.

(4) Leuret, *ouvr. cit.*, p. 555.

étaient conséquents en agissant ainsi ; car le cerveau du mouton est, à sa partie antérieure, bien plus élargi, bien mieux développé que ne l'est celui du chien. »

FORME DU CRANE EN RAPPORT AVEC L'ATTITUDE.

Dans un travail fort estimable, Lafargue 1) s'est attaché à établir : 1° que la forme du crâne et du cerveau est nécessairement en rapport avec l'attitude de l'animal, avec a largeur de la mâchoire inférieure ; 2° que cette même forme et les habitudes morales ont une relation si peu nécessaire, que deux animaux de mœurs identiques diffèrent par le crâne s'ils diffèrent d'attitude ; et réciproquement, que deux animaux de caractère opposé se ressemblent par le crâne, si leur attitude est semblable ainsi que la largeur de leur mâchoire.

Les carnassiers ont les tempes développées, et ils sont astucieux, sanguinaires, voleurs ; les ruminants ont les tempes étroites, ils sont timides, inoffensifs : donc, dit-on, les penchants qui caractérisent le moral des carnassiers siégent vers la région sus-zygomatique. Lafargue fait observer que celle-ci doit s'accommoder à la forme de la mâchoire inférieure, large chez les premiers, étroite chez les seconds. — Mais on n'a pas triomphé d'un système pour avoir donné une interprétation différente aux faits qui lui servent de base. Aussi cette réflexion isolée infirme-t-elle à peine les conclusions de Gall : elle ne pourra les réfuter d'une manière directe que s'il est possible de trouver des animaux doux et paisibles, dont les

____

(1) Lafargue, *Appréciation de la doctrine phrénologique ou des localisations des facultés intellectuelles et morales, au moyen de l'anatomie comparée* (*Arch. gén. de méd.*, 1838, t. I, p. 265, 416 ; t. II, juin 1838, p. 129).— Et *Thèse inaug.* Paris, 14 mai 1838, n° 115.

tempes s'élargissent par cela seul qu'ils possèdent une large mâchoire. Or, selon la remarque de Lafargue, tel est le castor, dont les instincts industriels exigent et supposent une mâchoire large et forte, des muscles temporaux énergiques, et dont le crâne est, pour cette raison, conformé comme celui des carnassiers (1).

Au contraire, chez certains carnassiers éminemment féroces, la tête représente un cône allongé, sensiblement rétréci au-dessus des apophyses zygomatiques, large et renflé vers la partie postérieure des pariétaux : tels sont le furet, l'hermine, la belette. Quelle est la cause d'une disposition aussi réfractaire aux lois phrénologiques? se demande Lafargue. La forme du crâne des furets, des belettes, des taupes, etc., s'explique, suivant lui, par le mode de station de ces animaux, dont les membres sont très-courts, et qui marchent presque en rampant. Si, avec une pareille attitude, ils avaient eu le crâne court et globuleux, et si la plus grande masse de leur cerveau eût été concentrée vers les apophyses zygomatiques, les sens et l'extrémité du museau se seraient nécessairement dirigés vers le sol. Il fallait donc, pour les raisons mécaniques les plus simples, que le plus grand volume des hémisphères occupât la région pariétale postérieure, et que les régions sus-zygomatiques fussent déprimées. Tous les animaux dont le port est analogue à celui des belettes ont le crâne pareillement conformé, quelles que soient leurs mœurs.

L'attitude humaine comporte la plus petite face et le plus grand cerveau possible; aussi voyons-nous, comme le fait remarquer Lafargue, entre la forme du crâne et celle du bassin,

---

(1) Buffon ne dit pas que le castor soit sanguinaire ; mais il affirme que ce rongeur coupe et scie, en quelque sorte, avec ses dents incisives, les branches d'arbres les plus volumineuses ; ce qui suppose en effet une grande énergie de mastication.

une corrélation telle, que la perfection et la solidité de la station bipède se trouvent, dans chaque race, en raison directe de la capacité crânienne, et en raison inverse des mâchoires. Il suffit de comparer le Cafre à l'Européen pour se convaincre de cette vérité. On voit aussi, par le rapprochement des races humaines, le crâne se déjeter en arrière, à mesure que les mâchoires s'accroissent. Le nègre a le front fuyant, l'ensemble du crâne étroit et allongé; l'Européen se trouve dans des conditions opposées, tandis que les Malais, les Mongols et les Américains tiennent le milieu entre les deux extrêmes.

Ainsi, ajoute cet auteur, voyons-nous s'appliquer à l'espèce humaine cette loi du règne animal, en vertu de laquelle le crâne et le cerveau sont répartis de manière à balancer le poids de la face. La forme du crâne exprime donc le rapport du volume des mâchoires et du cerveau : elle peut indiquer aussi l'énergie relative des instincts et des hautes facultés. Mais, si l'on se place au point de vue des localisations et que l'on cherche la prédominance du front chez les peuples intelligents, on est trompé dans son attente; car, chez l'Européen, le Hottentot, l'Indien du Nord, le rapport des tempes au front est absolument le même. Ces races ne diffèrent entre elles que par la proportion de la face au cerveau, proportion qui, tout en déterminant la forme du crâne, explique la prépondérance des instincts chez les unes, de l'intelligence chez les autres.

Les liaisons nécessaires des formes du crâne avec certaines conditions mécaniques, soit partielles, soit générales, étant établies, on pouvait prévenir les conséquences antiphrénologiques qui en dérivent par l'objection suivante :

L'attitude des animaux est à leur moral comme le geste est à la pensée; le mode de mastication est subordonné aux penchants nutritifs, soit carnassiers, soit herbivores, comme l'instrument l'est à la volonté. De même les formes du cerveau qui déterminent les penchants subordonnent à leurs inflexibles necessités et l'attitude générale et la puissance de la mâchoire inferieure.

A cette objection, Lafargue répond en ces termes :. « Certaines formes de crâne et de cerveau coïncident toujours et nécessairement avec certains modes de station et de mastication ; mais, si l'on assigne à la première de ces circonstances le rôle de fait primordial, en réduisant l'autre au rôle de fait secondaire, je dirai que toutes les deux, également nécessaires l'une à l'autre, concourent au même titre à l'harmonie de l'ensemble. »

Quoique nous ayons présenté, d'après Lafargue lui-même (1), cette courte analyse de son mémoire, il est certain qu'elle ne peut donner qu'une idée fort imparfaite du long et consciencieux travail de cet auteur : nous engageons donc le lecteur à en prendre une connaissance plus complète.

CONFIGURATION GÉNÉRALE DU CERVEAU ET PHRÉNOLOGIE.

Voici maintenant quelques résultats généraux auxquels les faits ont conduit Lélut (2), relativement à l'organe que Gall appelait *organe du meurtre* ou de la destruction carnassière, qu'il faisait résider dans les circonvolutions latérales, moyennes et inférieures du cerveau. Gall avait avancé que le plus grand développement de cet organe, dans les oiseaux et les mammifères carnassiers, donne au cerveau et au crâne de ces animaux une largeur proportionnelle plus grande que

____

(1) *Thèse citée.*

(2) Lélut, *De l'organe phrénologique de la destruction chez les animaux.* In-8, Paris, 1838.

celle du cerveau et du crâne des oiseaux et des mammifères frugivores.

Des faits empruntés à l'ouvrage des frères Wenzel (1), à celui de Tiedemann (2) et au livre de Serres (3), de ceux qui lui sont propres, et des moyennes qu'il a déduites des uns et des autres, Lélut a déduit, contrairement à l'assertion émise par Gall, les propositions qui suivent : — 1° les oiseaux frugivores et les oiseaux carnassiers insectivores ont, comparativement les uns aux autres, le cerveau et le crâne d'égale largeur, proportionnellement à leur longueur ; — 2° les oiseaux de proie, ou oiseaux rapaces, ont le cerveau et surtout le crâne plus large que celui des oiseaux des deux classes précédentes ; mais cela tient indubitablement à ce que, chez ces animaux, le développement en largeur des hémisphères cérébraux a suivi l'élargissement crânien, qui lui-même est déterminé, chez ces oiseaux, par le développement considérable de l'oreille interne et de ses cavités annexes, et par celui de leur lobe oculaire ; — 3° les faits de comparaison isolée entre le cerveau et le crâne de tel oiseau frugivore et ceux de tel oiseau carnassier donnent, bien entendu, le même résultat que les rapports déduits des moyennes, sur la proportion de la largeur à la longueur des hémisphères cérébaux et du crâne ; c'est-à-dire qu'ils montrent que tel ou tel oiseau frugivore a une plus grande largeur cérébrale ou crânienne proportionnelle que tel ou tel oiseau insectivore, et même que tel ou tel oiseau rapace ; — 4° les mammifères carnassiers n'ont pas lé cerveau et le crâne plus larges, proportionnellement à leur longueur, que ceux des mammifères frugivores. D'après les faits

(1) Wenzel, *De penitiori structura cerebri*. In-fol., Tubingue, 1812.
(2) Tiedemann, *Icones cerebri simiorum*, etc. Heidelberg, 1821.
(3) Serres, t. II, p. 439 et 551.

pris dans les auteurs cités, comme d'après ceux recueillis par Lélut, c'est le contraire qui paraît avoir lieu; — 5° les comparaisons isolées du cerveau et du crâne de tel mammifère frugivore donnent, dans le plus grand nombre des cas, le même résultat, absolument comme cela avait eu lieu pour les oiseaux.

Du tableau comparatif dressé par Leuret (1) sur le rapport existant, chez les mammifères, entre le diamètre antéro-postérieur et le diamètre transverse des lobes cérébraux, il résulterait, d'après les principes de Gall, que le marsouin ayant le cerveau plus large que tous les autres mammifères, et avec lui l'éléphant et le porc-épic, il faudrait admettre que le porc-épic, l'éléphant et le marsouin sont en première ligne, dans cette classe, pour le courage, la ruse et l'instinct carnassier; qu'après eux viendraient la chauve-souris, la taupe, la marmotte, et bien loin après, le lion, le chien, le sanglier, le renard, etc.; conséquence en désaccord évident avec ce que l'observation enseigne sur les aptitudes instinctives de ces divers animaux.

Le seul moyen de savoir s'il y a ou s'il n'y a pas une physiologie psychologique telle que l'entendait Gall, consisterait à rechercher toutes les espèces de rapports du cerveau à l'intellect, qui devraient la constituer; mais, d'une pareille étude, il ne paraît guère pouvoir résulter, à en juger par ce qui est déjà accompli, que des désavantages pour le système phrénologique.

Le développement historique des formes et des fonctions de la vie organique pendant des périodes successives, paraît être l'indice d'une évolution graduelle de la puissance créa-

____

(1) Leuret, *ouvr. cit.*, p. 435.

trice, se manifestant par une tendance progressive vers le type
e plus élevé de l'organisation animale.

C'est un fait bien extraordinaire, remarque aussi Hugh
Miller (1), que l'ordre adopté par Cuvier dans son *Règne animal*, comme celui dans lequel les quatre classes des vertébrés
viennent se placer naturellement d'après leurs rapports mu-
tuels et leur rang, soit aussi celui dans lequel elles se présen-
taient dans l'ordre chronologique. Le cerveau, dont le volume
relativement à celui de la moelle épinière n'est pas dans un
rapport moyen de plus de deux à un, est celui du poisson; il a
paru le premier; celui qui présente le rapport moyen de deux
et demi à un lui a succédé : c'est celui du reptile; vint ensuite le rapport de trois à un, qu'offrent le cerveau et la moelle
épinière de l'oiseau; le rapport moyen de quatre à un que
nous offre le mammifère; et enfin, le dernier de tous parut
sur la scène, un cerveau dont le rapport moyen à la moelle
épinière est de vingt-trois à un : c'est celui de l'homme, de
l'homme qui raisonne et qui calcule.

Le cerveau pourrait n'être qu'une efflorescence de la moelle
épinière. — Chez les espèces inférieures (grenouilles, par
exemple), la faculté de sentir appartient autant à la moelle
qu'au cerveau.

Chez l'homme, les qualités morales les plus nobles, et les
facultés de comparer des impressions, de former des jugements, d'associer des idées, d'exprimer des souvenirs, s'affai-
blissent ou disparaissent avec les lésions graves de l'encéphale ;
la simple compression de ce viscère produit un état d'hébé-
tude qui cesse avec cette compression elle-même ; le développement de l'intelligence et des aptitudes morales suit pas à

____

(1) *Footprints of the Creator*. Edinburgh, 1849.

pas, dans l'enfance, l'évolution et le perfectionnement de la masse encéphalique ; un arrêt de développement, une mauvaise conformation de cette masse, suffisent pour occasionner l'imbécillité ou l'idiotisme... Mais à quoi bon accumuler des preuves pour établir que l'encéphale tient sous sa dépendance les phénomènes intellectuels et affectifs? n'est-ce pas là une vérité généralement admise?

A mesure, dit Meckel (1), que les facultés intellectuelles se perfectionnent dans la série animale, et chez les divers individus d'une même espèce, on voit la masse cérébrale croître en haut, en avant et sur les côtés, les hémisphères s'agrandir proportionnellement aux parties inférieures de l'encéphale, et le cerveau proprement dit grossir comparativement au cervelet.

Lélut (2), ayant pesé comparativement un nombre égal de cerveaux provenant d'idiots et d'hommes plus ou moins intelligents, est arrivé aux conclusions suivantes : « 1° L'encéphale est, en général, plus pesant (*ce qui, en général, équivaut aussi à plus gros*) chez les hommes intelligents que chez les imbéciles.

Est-il besoin de rappeler que toutes les tentatives pour trouver le siége de l'âme ont été vaines? Descartes, après avoir posé, avec tant de génie et d'autorité, les principes de la philosophie scientifique, a logé l'âme dans la glande pinéale. Lapeyronie la plaçait dans le *septum lucidum ;* Charles Bonnet, dans une partie du cerveau, sans désigner laquelle. Lancisi a écrit un traité intitulé : *De sede cogitantis animæ*, sans être plus heureux dans ses appréciations. Imitons la sagesse et la modestie de Haller, qui, après tant de recherches,

_____

(1) Meckel, *Manuel d'anatomie*, trad. de Jourdan. Paris, 1825, t. I, p. 271.
(2) Lélut, *Du poids du cerveau dans ses rapports avec le développement de l'intelligence* (Journ. des conn. médico-chirurg., mai 1837, t. V, p. 211).

écrivait que l'anatomie est muette sur le siége de l'âme. Ajoutons encore qu'Hippocrate en avait une idée plus juste que
tous les localisateurs, en la définissant : *Spiritum tenuem per
corpus dispersum* (1).

« Pour se faire une idée juste des opérations dont résulte
la pensée, dit Cabanis, il faut considérer le cerveau comme
un organe particulier, destiné spécialement à la produire, de
même que l'estomac et les intestins à opérer la digestion, le
foie à filtrer la bile, les parotides et les glandes maxillaires et
sublinguales à préparer les sucs salivaires. Les impressions,
en arrivant au cerveau, le font entrer en activité, comme les
aliments, en arrivant dans l'estomac, l'excitent à la sécrétion
plus abondante du suc gastrique et aux mouvements qui fa-
vorisent leur propre dissolution. »

Les raisons sur lesquelles se fonde l'opinion qui attribue
la pensée à l'organisation, ont été résumées avec une grande
force, il y a près de deux mille ans, par Lucrèce, dans son
poëme *De natura rerum*.

Ainsi que le soutient le philosophe épicurien, le corps et
l'âme paraissent naître, croître, vieillir ensemble (2).

L'AME DES BÊTES.

Il est évident que les animaux d'un ordre supérieur jouissent
comme l'homme de la sensibilité physique, ou de la faculté
de ressentir le plaisir et la douleur. Ils reçoivent par les sens

---

(1) L'âme est immortelle comme tout le reste. (Lucien.)

(2) 　　　　Crescere sentimus, pariterque senescere mentem
　　　　Post ubi jam validis quassatum est viribus ævi.
　　　　Corpus, et obtusis ceciderunt viribus artus,
　　　　Claudicat ingenium, delirat linguaque mensque.

des impressions sans doute semblables aux nôtres, dont ils forment diverses associations; mais il paraît difficile d'admettre, avec Fréd. Cuvier, qu'ils en déduisent des jugements. On ne saurait leur refuser la mémoire, mais leur mémoire est bornée aux choses contingentes; on pourrait l'appeler mémoire matérielle, toute autre leur est refusée. Condillac, Réaumur, G. Leroy, Dupont (de Nemours), prétendent que les bêtes réfléchissent sur leurs actes et qu'elles ont une sorte de liberté. Il est vrai que les instincts sont, en général, plus développés, plus actifs, plus sûrs dans certains animaux que chez l'homme; quelques instincts même, celui des migrations, par exemple, leur sont exclusivement propres. Ils partagent avec l'homme certaines passions, la colère, la jalousie, l'attachement; mais ils semblent complétement étrangers aux sentiments qui puisent leur source dans la conscience, et à tous les mouvements qui se fondent sur la liberté morale.

Il n'existe dans l'homme aucun organe essentiel, aucun nerf important qu'on ne trouve chez les animaux supérieurs au même degré de développement : le cerveau lui-même ne paraît guère faire exception, quoique Gall ait prétendu que celui des animaux n'est qu'un cerveau tronqué. Qu'on analyse, en effet, sans idée préconçue, les recherches de Desmoulins, Gall, Spurzheim, Spix, Lélut, Leuret, Parchappe, etc., sur le volume et la configuration de l'encéphale dans leurs rapports avec l'intelligence, « et l'on reconnaîtra, comme dit Foissac (1), qu'en sortant des généralités pour apprécier avec rigueur les résultats de l'observation, on éprouve un obstacle insurmontable à formuler une loi à travers les

____

(1) Foissac, *Histoire naturelle et philosophique de l'homme.*

mailles de laquelle ne s'échappent point de nombreuses contradictions. »

ORIGINE DU SYSTÈME NERVEUX.

L'homme vient-il d'une cellule unique successivement
transformée? Diderot, Cuvier, Geoffroy Saint-Hilaire, La-
marck, Serres, etc., et plus récemment Darwin et Virchow,
ont tenté de le démontrer.

L'homme descend-il du singe?

Ou bien y retourne-t-il?

Cohn et Schultze ont prouvé expérimentalement l'identité
chimique et histologique du plasma originaire des cellules
animales et végétales (1).

Pascal avait donc raison d'appeler l'homme «un roseau
pensant. »

Dans l'embryon, la première apparition organique, après
la segmentation du vitellus, est le système nerveux, dont la
forme se rapproche plus ou moins de celle des spermatozoaires
qui lui donnent naissance (2).

Autour de ce système nerveux se groupe l'ensemble des
organes, puis à l'heure fixée par la nature, le fœtus est expulsé
de l'utérus.

---

(1) Les cellules jeunes renferment du protoplasma; les vieilles, des substances
de diverse nature (*Muell. Archiv*, 1861, p. 24).

(2) Le tissu des spermatozoaires est le plus résistant du corps; il échappe à
l'action de la plupart des réactifs, l'acide acétique ne l'attaque pas; la potasse et la
soude le dissolvent difficilement. L'acide azotique ne les colore point en jaune ni
l'acide sulfurique en rouge.

La forme des spermatozoaires est d'autant plus filiforme qu'on descend davantage l'échelle des êtres. La rapidité de leurs mouvements suit la même décrois-
sance.

La première molécule d'oxygène met en activité propre la première molécule nerveuse, et la force électro-motrice se distribue dans tout le corps. Sous son influence, les phénomènes chimiques de décomposition et de recomposition commencent, et la vie se trouve imprimée à la circulation de la matière, de la force et de l'esprit de l'être créé.

L'homme apparaît alors comme un axe à deux pôles, en antagonisme permanent. Le cerveau et la moelle, l'homme et l'animal, l'esprit et la chair.

Les fibres isolées et indépendantes dans leur myéline, comme des fils télégraphiques dans leur enveloppe de soie, forment la substance blanche, et transmettent distinctement les sensations de la périphérie aux centres, moelle ou cerveau ; les cellules grises réunies et liées entre elles par les ramifications de leurs pôles reçoivent les changements matériels à titre de sensations ; elles entrent en activité, multiplient ces sensations, les transforment en idées ou en volitions, conduites aux muscles par d'autres fibres blanches motrices. Quand le mouvement se transmet par la moelle, sans être précédé de la volition, on dit qu'il y a action réflexe. Les mouvements sont volontaires pour le cerveau, involontaires pour la moelle, continus pour le grand sympathique, qui se distribue aux vaisseaux et aux viscères dont le fonctionnement ne s'arrête jamais, et dont les sécrétions continues sont une cause permanente d'excitation qui entretient la vie animale et végétative. Un doigt est piqué, transmission au cerveau ; là, transformation de la sensation en sentiment, puis transmission nouvelle par les nerfs moteurs aux muscles de la main qui entre en mouvement.

Donders (d'Utrecht) est parvenu à mesurer le minimum de temps pour la production d'une idée : par exemple, l'intervalle que met le cerveau pour distinguer une lumière verte ou rouge, éclatant à la fois. Son instrument, le naumatochromètre, calcule par millième de seconde.

Si le système nerveux n'existait pas, le son n'existerait pas ; le son est donc un mouvement.

La loi des équivalences se dégage encore de ces rapides conséquences.

CONCLUSIONS.

On a pu mesurer, quand le son et la lumière arrivent au cerveau instantanément, lequel précède l'autre dans l'ordre d'élaboration de l'idée.

Le rôle du cerveau proprement dit consiste donc uniquement à élaborer et à multiplier les sensations pour les transformer finalement en idées.

C'est un organe multiplicateur dans lequel toutes les parties cellulaires se suppléent, et vers lequel toutes les sensations se dirigent distinctement.

Le système de localisation de Gall et Spurzeim tombe ainsi devant les progrès de l'expérimentation contemporaine.

M. Broca avait dernièrement tenté de le relever en produisant des observations d'aphasie, c'est à-dire de perte subite de la parole. Cette maladie, selon cet habile médecin, résiderait, ainsi que la faculté du langage articulé, dans la troisième circonvolution pariétale du cerveau de l'homme, circonvolution qui manque chez tous les autres animaux.

Les faits de suppléance cellulaire démontrés par Flourens et d'autres physiologistes, ainsi que ceux plus récents présentés par M. Charcot, prouvent surabondamment les exagérations dans lesquelles on s'était laissé entraîner à ce sujet.

Cette suppléance réciproque des diverses parties de la substance grise a été également constatée par Flourens dans la moelle et dans le cervelet.

Les expériences physiologiques conduisent à des résultats considérables. Un animal privé de ses lobes cérébraux reste plongé, comme le dit Flourens, dans un engourdissement permanent, dans un long sommeil *sans rêves*.

Les observations pathologiques ne sont pas moins démonstratives pour expliquer l'exaltation ou l'affaiblissement intellectuel, suivant le degré d'altération de l'ensemble de l'organe.

L'anatomie comparée enfin nous prouve clairement que c'est bien par la mise en activité de la substance grise hémisphérale du cerveau que se produit l'intelligence.

Le degré d'intelligence varie lui-même, suivant le nombre des cellules grises, leurs pôles et leurs ramifications, le nombre des noyaux et nucléoles libres dans les cellules, la richesse vasculaire, la masse de substance granuleuse interposée entre les cellules, et enfin la proportion de cholestérine et de phosphore que le cerveau contient.

CHAPITRE II

FONCTIONS PHYSICO-CHIMIQUES DU CERVEAU

> « Quand la chimie aura mesuré
> les quantités et la physique les vitesses
> d'échange des matières, le monde sera
> connu. »

CERVEAU ET PENSÉE.

Les jugements, les idées et les raisonnements forment la totalité de notre pensée. Le raisonnement résulte de l'idée, l'idée du jugement, le jugement de l'observation par les sens. Mais l'observation par les sens est la perception de l'impression que fait sur nos nerfs un mouvement matériel qui se propage jusqu'au cerveau.

Qu'on se rappelle les découvertes les plus grandes et les plus importantes faites dans tous les temps dans le domaine de la science, de l'art et de l'industrie. C'est toujours une observation des sens qui a donné le branle à tout. Un caractère gravé dans le bois tombe sur le sable, voilà l'art de l'imprimerie trouvé ! Galilée voit dans la cathédrale de Pise une lampe se balancer ; il suit le phénomène avec tant d'attention, qu'il lui arrache la révélation des lois du pendule ! Newton se repose confortablement dans son jardin ; une pomme tombe d'un arbre, la découverte des lois de la pesanteur est assurée ! Papin découvre la vapeur en regardant cuire des pois dans une marmite ! Et il en est de même chaque fois qu'une découverte porte avec elle une nouvelle idée, et non pas simplement l'application d'idées connues.

« Les géomètres, écrit Biot, ont une notion parfaite du
» cercle, quoique la nature ni l'art ne leur aient jamais pré-
» senté de cercle parfait (1). » L'affirmation est très-juste,
mais il est démontré d'une façon tout aussi certaine que
l'homme ne pouvait découvrir les propriétés du cercle qu'au
moyen d'une circonférence tracée sur le sable, ou d'un signe
sensible.

La pensée est un mouvement de la matière.

Ch. Vogt a très-bien dit : « Tout savant arrivera, je crois,
» par la logique, à penser que toutes les facultés que nous
» comprenons sous le nom de propriétés de l'âme ne sont que
» des fonctions de la substance cérébrale, et si j'emprunte une
» comparaison vulgaire, que ces pensées ont avec le cerveau
» à peu près le même rapport que la bile avec le foie, ou l'u-
» rine avec les reins (2). » La comparaison est inattaquable si
l'on comprend ce qui en fait l'objet. Le cerveau est aussi indispensable à la création de la pensée que le foie à la préparation
de la bile, que les reins à la sécrétion de l'urine. Mais la pensée
n'est pas plus un fluide que la chaleur ou le son. La pensée est
un mouvement, une transformation de la matière cérébrale ;
l'activité intellectuelle est une propriété du cerveau tout aussi
nécessaire, tout aussi inséparable que la force, partout inhé-
rente à la matière comme son caractère essentiel et inalié-
nable. Il est aussi impossible que le cerveau intact ne pense pas
qu'il est impossible que la pensée soit liée à une autre matière
que le cerveau.

(1) Biot, *Comptes rendus*, t. XXXIII, p. 557.
(2) Karl Vogt, *Physiologische Briefe für Gebildete aller Stände*. Stuttgart und
Tübingen, 1847, 206.

Notre pensée, nos sentiments, nos passions, sont produits et entretenus par les impressions des sens. Un jour, un savant proposa, pour suppléer à la peine de mort, d'isoler les condamnés dans l'obscurité en leur bouchant les oreilles avec de la cire. Voilà le comble de l'esprit de persécution où notre siècle est parvenu ! Isoler et priver des sens tout à la fois, il n'y a pas de manière plus exécrable de tuer l'esprit (1) !

OXYGÈNE ET CERVEAU.

Dans son beau mémoire *sur le principe de la vie*, Legallois, dès 1812, avait parfaitement compris et démontré expérimentalement cette influence de la circulation sur les fonctions des centres nerveux et, en particulier, de la moelle épinière.

« La vie, dit-il (2), est due à une impression du sang
» artériel sur le cerveau et la moelle épinière, ou à un prin-
» cipe résultant de cette impression. Cette impression, une
» fois produite, le principe, une fois formé, a toujours une
» durée quelconque, mais variable, suivant l'âge et l'espèce
» des animaux.... La prolongation de la vie dépend du renou-
» vellement continuel de cette impression, à peu près comme
» un corps, mû en vertu d'une première impulsion, ne peut
» continuer de se mouvoir indéfiniment qu'autant que la
» même impulsion est répétée par intervalles... C'est cette
» impression, c'est ce principe formé dans le cerveau et la
» moelle épinière qui, sous le nom de *puissance nerveuse,* et
» par l'intermédiaire des nerfs, anime tout le reste du corps,
» et préside à toutes les fonctions. »

(1) Moleschott, *Kreislauf des Lebens,* trad. par E. Cazeilles. Paris, 1866, p. 179.

(2) Œuvres de Legallois, t. I, p. 141.

En liant toutes les artères qui vont à la tête, on réduirait cette partie à l'état de mort. Ces mêmes fonctions renaîtraient ensuite après qu'on aurait délié les artères.

Après la décapitation, on entretiendrait la vie dans la tête elle-même avec toutes les fonctions qui sont propres au cerveau.

Vingt ans plus tard, Astley Cooper vérifia la première prévision de Legallois, et Brown-Séquard réalisa de son côté la seconde expérience.

Sur un chien, M. Brown-Séquard sépare la tête du tronc ; il attend *huit* ou *dix* minutes, jusqu'à ce que, depuis quelques instants, le bulbe rachidien et le reste de l'encéphale aient bien évidemment perdu toute trace appréciable d'excitabilité ; puis il pratique des injections réitérées de sang défibriné et oxygéné à la fois dans les artères carotides et dans les verté-brales. Quelques mouvements désordonnés apparaissent au bout de *deux* ou *trois* minutes, puis les muscles des yeux et de la face exécutent des mouvements coordonnés, véritables manifestations de la vie, qui tendent à faire admettre que les fonctions cérébrales se sont rétablies dans cette tête complète-ment séparée du tronc. — Dans une expérience de cette nature pratiquée sur un chien *familier*, élevé dans son labo-ratoire, M. Brown-Séquard a observé un fait de la plus haute importance. Au moment où l'injection de sang défibriné et oxygéné avait ramené les manifestations de la vie, *il appela le chien par son nom... les yeux de cette tête séparée du tronc se tournèrent vers lui... comme si la voix du maître avait été entendue et reconnue.*

Comme les muscles, comme tous les organes de l'écono-mie, le système nerveux est le siége d'un travail incessant d'assimilation et de désassimilation ; il se nourrit aux dépens du liquide sanguin qui lui fournit tous les matériaux nécessaires à son développement. Sans doute la science n'est pas encore parvenue à pénétrer la nature des réactions chimiques qui se passent dans l'intimité du tissu nerveux ; on n'y a encore constaté expérimentalement ni une absorption d'oxygène ni une exhalation d'acide carbonique. Mais le sang artériel pénètre, rutilant et riche en oxygène, dans le système nerveux, et le sang veineux en sort noirâtre et chargé d'acide carbonique ; ce fait, à lui seul, prouve d'une manière incontestable qu'à l'état de repos, les matériaux organiques du sang sont brûlés dans les capillaires des nerfs et des centres. comme dans le réseau vasculaire de tous les tissus de l'organisme (1).

Lorsque le système nerveux entre en action, l'observation démontre que les combustions internes acquièrent un plus haut degré d'intensité. — A l'état de repos, la réaction chimique des nerfs est *neutre* ; les expériences de O. Funke ont établi que, dans le nerf fortement excité, cette réaction change de nature et devient manifestement *acide*. — Sous l'empire d'une forte excitation nerveuse longtemps soutenue. l'exhalation d'acide carbonique augmente, et, d'aprèsDavy (2) et Bærensprung, la température du corps éprouve une élévation appréciable : ces deux faits sont la preuve incontestable d'une accélération des combustions internes. Et, au moment où la dépense organique est ainsi exagérée, on comprend facilement pourquoi, dans ces conditions, le sentiment de la faim, accusant un besoin impérieux de réparation, se prononce en même temps qu'une véritable fatigue comparable à celle que détermine l'exercice musculaire. — « La chaleur,

(1) Gavarret, *Phénomènes de la vie*, 1869, p. 237-238.
(2) *Archives générales de médecine*, 1846, supplément.

dit Burdach (1), augmente par l'effet de l'espérance, de la joie, de la colère et de toutes les passions excitantes. Martin a vu la température monter de 35°,5 à 37°,5 dans un violent accès de colère. »

Récemment l'élévation de la température des masses cérébrales, sous l'influence d'une attention prolongée, a été encore mise hors de doute par le docteur J. Lombard.

Mesurée sur le cuir chevelu, surtout sur l'occiput, à l'aide d'un appareil thermo-électrique, cette température atteignait environ un vingtième de degré centigrade.

Ainsi se trouve encore justifiée une des vues les plus profondes du créateur de la chimie moderne, Lavoisier.

Dans son mémoire de 1789, sur la respiration des animaux, il s'exprime en ces termes :

« Ce genre d'observation conduit à comparer des emplois de force entre lesquels il semble n'exister aucun rapport.

» On peut connaître, par exemple, à combien de livres, en poids, répondent les efforts de l'homme qui récite un discours, d'un musicien qui joue d'un instrument.

» On pourrait même évaluer ce qu'il y a de mécanique dans le travail du philosophe qui réfléchit, de l'homme de lettres qui écrit, du peintre qui compose. Ces efforts ont quelque chose de physique et de matériel qui permet de les comparer à ceux que fait l'homme de peine.

» Ce n'est donc pas sans justesse que sous la dénomination commune de travail, on a confondu les efforts de l'esprit et ceux du corps: le travail du cabinet et le travail de l'atelier. »

---

(1) *Traité de physiologie,* traduction de Jourdan, t. IX, p. 645.

RELATION ENTRE L'ACTIVITÉ CÉRÉBRALE ET LA PRÉSENCE DE L'ACIDE PHOSPHORIQUE DANS LES URINES.

Bence Jones, Benecke, Golding Bird, Sandras, Moleschott, et quelques autres physiologistes avaient déjà remarqué que le travail cérébral correspondait à une notable augmentation d'acide phosphorique dans les urines.

En 1868, M. Byasson a poursuivi ces recherches expérimentales sur lui-même et publié sa remarquable thèse : *Relation entre l'activité cérébrale et la composition des urines.*

Pendant neuf jours, M. Byasson s'est soumis au régime uniforme de quatre repas par jour, représentant un total de 750 grammes de pain et 1500 grammes d'eau.

La température du corps, celle de l'air, la pression atmosphérique, les heures d'émission, la quantité des urines et des matières fécales, étaient régulièrement notées.

L'eau et le pain furent aussi soigneusement analysés.

Pendant la première période, il s'est abstenu de tout effort cérébral ou musculaire. Pendant la seconde, il a exercé fortement son système musculaire en évitant toute contention d'esprit.

Pendant la troisième, enfin, il a pris le moins d'exercice possible et au contraire fortement tendu sa pensée sur des questions physiologiques et mathématiques.

Les résultats sont consignés dans les tableaux suivants :

TABLEAU *indiquant pour les neuf jours de régime uniforme et par vingt-quatre heures les quantités d'urine, la densité, etc.*

NOTA. — La lettre *r* veut dire repos; *m*, travail musculaire; *c*, travail cérébral

JOURS	QUANTITÉ D'URINES.	DENSITÉ.	ACIDITÉ en potasse anhydre.	URÉE	ACIDE URIQUE.	SUBSTANCES SOLIDES.	SELS minéraux anhydres.	TOTAL des substances dosées.	DIFFÉRENCES représentant les substances organiques non dosées.
FÉVRIER.			gr	gr	gr	gr	gr	gr	gr
14 *m*..........	670	1018	0,250	24,12	0,180	31,865	6,070	30,370	1,495
15 *m*..........	960	1012	0,200	21,60	0,205	26,663	4,583	26,388	0,275
16 *c*..........	1370	1009	0,100	22,60	0,105	29,113	5,770	28,475	0,638
17 *r*..........	1065	1011	0,100	19,97	0,111	30,033	6,046	26,127	3,906
18 *r*..........	1425	1008	0,050	19,37	0,047	27,731	5,187	24,604	3,127
19 *c*..........	1410	1009	0,100	24,25	0,116	30,033	4,625	28,990	1,043
20 *m*..........	625	1017	0,450	22,97	0,282	31,563	4,049	27,301	4,262
21 *r*..........	980	1012	0,200	22,05	0,237	29,518	5,086	27,373	2,145
22 *c*..........	1180	1012	0,150	24,78	0,187	38,716	6,997	31,964	6,752

TABLEAU *indiquant pour les neuf jours de régime uniforme et par vingt-quatre heures les quantités des substances minérales.*

JOURS.	ACIDE PHOSPHORIQUE anhydre.	ACIDE SULFURIQUE anhydre.	CHLORE.	CHAUX.	MAGNÉSIE.	POTASSE	TOTAL des substances dosées.	TOTAL des sels anhydres.	DIFFÉRENCES représentant la soude, le fer, etc.
Février.	gr	gr	gr	gr	gr	gr	gr	gr	gr
14 *m*..	1,7688	0,4879	1,2864	0,1149	0,1245	0,2947	4,0772	6,070	1,9928
15 *m*..	1,3924	0,3525	0,5376	0,1367	0,1097	0,2731	2,8020	4,583	1,7810
16 *c*. .	2,3275	0,9767	0,4932	0,1413	0,1121	0,2421	4,2929	5,770	1,4771
17 *r*. .	1,8105	0,5417	1,1076	0,1384	0,1075	0,2365	3,9122	6,046	2,1038
18 *r*. .	1,1400	0,2937	1,1286	0,1135	0,1089	0,2477	3,0324	5,187	2,1546
19 *c*. .	1,6131	0,9361	0,3384	0,1128	0,1125	0,2871	3,4000	4,625	1,2250
20 *m*..	1,2625	0,3231	0,8137	0,1237	0,1177	0,3150	2,9557	4,049	1.0933
21 *r*.	1,5737	0,5585	1,4357	0,1474	0,1135	0,2751	4,0839	5,086	1,0021
22 *c*. .	1,9924	0,9143	0,4190	0,1187	0,1213	0,2731	3,8388	6,997	3,1582

TABLEAU *indiquant la composition du pain, de l'eau de boisson, des matières fécales, les quantités totales des substances prises par le tube digestif, et celles rejetées par les urines et par les fèces, les différences entre les deux pour les neuf jours, par vingt-quatre heures.*

	QUANTITÉ totale.	SUBSTANCES organiques.	SELS anhydres.	EAU
	gr	gr	gr	gr
Eau de boisson.............	1500,0	0	0,3375	1500,0
Pain......	750,0	577,4230	7,5770	165,0
Total des substances ingérées..	2250,0	557,4230	7,9145	1665,0
Fèces (moyenne).............	92,7777	56,8756	1,4577	34,4414
Urines (moyenne)...........	1074,0	25,2002	5,3792	1047,7998
Total des substances rejetées...	1166,7777	82,0758	6,8369	1083,2442
Différences...............	1083,2223	495,1472	1,0776	581,7585

	ACIDE phosphorique.	ACIDE sulfurique.	CHLORE.	CHAUX.	MAGNÉSIE.	POTASSE	TOTAL des substances dosées.	DIFFÉRENCES donnant la soude, le fer, etc.
	gr	gr	gr	gr	gr	gr	gr	gr
Eau de boisson.	0,0025	0,0300	0,0105	0,0825	0,0315	Traces	0,1570	0,1805
Pain.........	1,8875	0,7325	0,9735	0,6737	0,3721	0,3479	5,0072	2,4898
Total des substances ingérées.	1,8900	0,7625	0,9840	0,7562	0,4036	0,3479	5,2442	2,6703
Fèces........	0,1245	0,0632	0,0127	0,5421	0,2784	0,0752	1,0561	0,4016
Urines........	1,6534	0,5982	0,8400	0,1252	0,1142	0,2716	3,6026	1,7766
Total des substances rejetées.	1,7779	0,6514	0,8527	0,6373	0,3926	0,3468	4,6587	2,1782
Différences...	0,1121	0,1111	0,1313	0,1189	0,0110	0,0011	0,5855	0,4921

TABLEAU *indiquant les différentes moyennes relatives à la composition des urines.*

MOYENNE de la composition des urines pour les jours :	QUANTITÉ en centim. cubes.	DENSITÉ.	Acidité exprimée en potasse anhydre.	URÉE.	ACIDE urique.	SUBSTANCES solides anhydres.	SELS anhydres	SUBSTANCES organiques non dosées.
	gr	gr	gr	gr	gr	gr	gr	gr
de régime uniforme sans viande.....	1074	1,012	0,1777	22,41	0,1632	30,5810	5,3714	2,6270
de repos.	1157	1,010	0,1170	20,40	0,1320	29,0940	5,4397	3,0660
d'activité cérébrale	1320	1,010	0,1170	23,88	0,1360	32,6210	5,7970	2,8110
d'activité muscul..	752	1,016	0,3000	22,89	0,2220	30,0193	5,1110	2,0110

MOYENNE DE LA COMPOSITION DES URINES POUR LES JOURS	Acide phosphorique anhydre.	ACIDE SULFURIQUE anhydre.	CHLORE	CHAUX.	MAGNÉSIE.	POTASSE	SUBSTANCES minérales non dosées, soude, fer, etc.
de régime uniforme sans viande............	gr 1,6534	gr 0,5982	gr 0,8400	gr 0,1252	gr 0,1142	gr 0,2716	gr 1.7766
de repos............	1,5080	0,4646	1,2239	0,1264	0,1099	0,2531	1,7535
d'activité cérébrale....	1,9777	0,9424	0,4169	0,1242	0,1153	0,2674	1,9534
d'activité musculaire...	1,4779	0,3878	0,8792	0,1251	0,1173	0,2943	1,6227

Les différences inscrites représentent la perte opérée par l'exhalation pulmonaire, la sueur, les productions et desquamations épithéliales. La déperdition moyenne de l'eau en dehors de celle effectuée par les urines et les fèces est d'environ 581 grammes.

La variation dans la proportion des trois éléments minéraux cités doit-elle être attribuée, comme celle de l'urée et de l'acide urique, au travail organique? La quantité introduite journellement dans l'économie est uniforme; toutes les autre conditions sont sensiblement identiques; d'où viendrait qu'un jour j'élimine par les urines environ 2 grammes d'acide phosphorique, 1 gramme d'acide sulfurique, et qu'un autre jour ces nombres soient réduits de moitié?

Nous ne connaissons pas encore, malgré de fort belles recherches, la constitution des matières albuminoïdes. On sait que, outre leurs quatre éléments fondamentaux, elles renferment du soufre et du phosphore, sans savoir sous quel état. En préparant par les divers procédés indiqués dans les ouvrages, et en particulier par celui de M. Wurtz, ce qu'on est convenu de regarder comme de l'albumine pure, on peut se convaincre que cette substance, après sa destruction, laisse un résidu de sulfates et de phosphates principalement. -

En résumé, dit M. Byasson en terminant son intéressant mémoire, les conclusions principales peuvent être formulées ainsi :

L'exercice de l'activité cérébrale proprement dite ou de la pensée s'accompagne de la production plus abondante et de l'apparition simultanée, dans les urines, d'urée, de phosphates et de sulfates alcalins.

L'exercice de l'activité musculaire s'accompagne de la production plus abondante et de l'apparition simultanée dans les urines, d'urée, d'acide urique et de chlorure de sodium.

Étant données séparément les urines d'un homme qui, pendant trois jours, aura suivi un alimentation uniforme et se sera trouvé dans des conditions extérieures sensiblement identiques, il sera possible, par l'analyse seule, de savoir à chacun desquels correspond, d'une manière relative, l'état ou de repos ou d'activité cérébrale, ou d'activité musculaire.

Les variations les plus remarquables portent principalement :

1° Sur la proportion d'urée qui, de 20,4 pendant le repos, s'élève à 22,89 pendant l'activité musculaire, et à 23,88 pendant l'activité cérébrale ;

2° Sur la quantité moyenne d'acide phosphorique, sulfurique et de chlore.

La consommation de phosphore s'élève d'un quart environ pendant le travail cérébral.

RELATION ENTRE LA SENSATION ET LA CONSOMMATION NERVEUSE DE PHOSPHORE.

Dans ces dernières années, M. Oscar Liebreich a fixé spécialement son attention sur le *protagon*, matière azotée et phosphorée, dont il a signalé l'existence dans la substance des centres nerveux et dans tous les nerfs. Il a montré par des expériences directes tentées sur les animaux que, pendant l'état d'activité du système nerveux, la consommation de protagon est plus considérable que dans l'état de repos. A cet effet, il a expérimenté sur des chiens. Après avoir coupé toutes les racines nerveuses rachidiennes d'un seul côté, il a soumis ces animaux à des excitations assez considérables et assez prolongées pour les faire mourir de douleur. L'analyse comparative lui a démontré que du côté où les racines rachidiennes étaient restées intactes, c'est-à-dire du côté où le système nerveux avait réellement fonctionné pendant l'opération, les nerfs contenaient toujours beaucoup moins de protagon que du côté opposé (1). M. Oscar Liebreich a conclu avec raison de ces expériences que, dans le système nerveux comme dans le système musculaire, l'exaltation des combustions internes et l'augmentation de l'activité physiologique sont liées par des rapports intimes de solidarité (2).

Après une crise nerveuse violente, l'urine est abondante et contient une forte proportion d'acide phosphorique.

L'urine des blessés opérés avec ou sans l'aide du chloroforme, présente aussi des proportions *minima* ou *maxima*.

L'activité cérébrale ou nerveuse a donc pour élément corrélatif absolu, l'activité d'oxydation dans le cerveau et les nerfs,

(1) Nous avons dit que, d'après les recherches de M. Gobley, le protagon ne serait pas une substance définie, mais un mélange en proportions assez constantes de cérébrine, principe azoté, et de lécithine, principe phosphoré et non azoté. La lécithine existe en grande quantité dans le jaune d'œuf; M. Gobley l'a retrouvée dans les matières grasses du sang, du sperme, du cerveau, des nerfs, de la bile, etc. Sous l'influence des acides, des alcalis, de la putréfaction, la lécithine se dédouble très-facilement en acides oléique, margarique, phospho-glycérique. Hâtons-nous d'ajouter que ces faits n'infirment en rien l'importance et la signification physiologique des expériences de M. Oscar Liebreich.

(2) Gavarret, *ouvrage cité.*

et l'on comprend aisément que, presque entièrement composé de matières grasses, dans lesquelles se trouve intimement diffusé une notable proportion de phosphore, la combustion et l'échange des matières y atteignent leur maximum.

Ainsi, comme une lampe, le cerveau brûle réellement ou fait brûler les éléments du sang. Les phénomènes intellectuels sont donc absolument dépendants de l'intégrité de ses tissus.

Kölliker a constaté expérimentalement que dans les cellules de l'organe phosphorescent du Lampyris, il se manifeste un mouvement d'oxydation si énergique, et leur composition riche en albumine phosporée devient le siége d'une combustion si vive qu'il en résulte une production de lumière et d'urate d'ammoniaque appréciable sous le microscope. Les œufs que la femelle du Lampyris pond, par instinct, dans les endroits humides, sont également phosphorescents jusqu'à l'entière déssiccation des matières qui les composent.

Ces animaux, moins que les hommes, mériteraient donc cette boutade railleuse de Laplace : « Les chimistes, disait-il, sont comme les ivrognes, ils ne tiennent aucun compte de l'eau. » A l'époque où il vivait, Laplace pouvait parler ainsi. Aujourd'hui, le dernier des chimistes sait fort bien que surtout dans les corps animaux, l'air, l'eau et l'état naissant, sont les conditions *sine qua non* de toutes les réactions.

La phosphorescence spontanée s'observe encore dans un certain nombre d'animaux d'ordre inférieur : les fulgores (porte-lanterne), les scarabées lumineux du Mexique, les mammaria, les mouches brillantes des tropiques, etc.

Pour que ces animaux deviennent lumineux après le coucher du soleil, il faut qu'ils aient été exposés à la lumière du jour.

La phosphorescence de la mer est due à des multitudes

d'infusoires ou d'annélides phosphorescents. Le hareng, le maquereau, la méduse, surtout après leur mort, lorsqu'ils sont en voie de décomposition, deviennent phosphorescents.

La laite de poisson, certaines variétés de champignons, la capucine, le souci, le papaver orientale, lancent des éclairs lumineux pendant les nuits d'été.

Pour ne pas entrer dans de plus longs détails sur la phosphorescence des corps nous nous bornerons à ajouter que, outre la phosphorescence spontanée des animaux et des végétaux, il y a encore celle par élévation de température, celle due aux actions mécaniques, à l'électricité, à l'insolation.

Disons en terminant que ces phénomènes paraissent se rattacher à l'ébranlement causé aux corps par les ondulations lumineuses, et que l'influence des divers agents physiques sur la phosphorescence peut prouver aussi la transformation des forces générales les unes dans les autres.

L'oxydation du phosphore existant dans les combinaisons organiques, est d'autant plus active que l'ozone (l'oxygène électrisé de Schœnbein) est en plus grande proportion dans l'atmosphère, et que l'air en contact avec le phosphore devenant lui-même ozoné acquiert des propriétés oxydantes de beaucoup supérieures à celles de l'air et de l'oxygène ordinaires. *Il réduit notamment instantanément l'hydrogène phosphoré* en donnant lieu à un vif dégagement de lumière. Le phosphore lui-même, que l'oxygène ne brûle qu'à 60 degrés, est oxydé par l'ozone à 27 degrés.

Ainsi, en présence de l'eau, une production naissante, continue et sans effervescence d'hydrogène phosphoré, en contact moléculaire permanent avec de l'oxygène contenant une proportion déterminée d'ozone dans un milieu alcalin, aurait pour résultat une production continue de lumière, d'eau, d'acide phosphorique et de phosphates sans que l'hydrogène phosphoré eût le temps d'exercer une action nuisible sur la molécule qui suivrait la molécule détruite auparavant.

Le fait de corrélation entre l'état ozonifère de l'atmosphère et la production plus considérable d'acide phosphorique dans les urines, a été dans ces dernières années mis hors de doute par M. J. Moffat.

RAPPORT ENTRE L'ÉTAT ATMOSPHÉRIQUE, L'OXYDATION DU PHOSPHORE ET LA PRÉSENCE DE L'ACIDE PHOSPHORIQUE DANS LES URINES. (M. J. MOFFAT.

(Traduction par M. l'abbé Moigno, directeur du journal *les Mondes.*)

M. Moffat établit que, d'après les résultats d'observations sur la luminosité du phosphore dans ses rapports avec les conditions atmosphériques pendant une période de six ans, il semble que les périodes de phosphorescence et les périodes d'ozone commencent, continuent et se terminent sous les mêmes conditions atmosphériques ; que l'ozone phosphorique ne se forme que quand le phosphore est lumineux, et que l'accroissement de température et l'abaissement de la pression atmosphérique sont favorables à la luminosité, tandis que la basse température et la haute pression atmosphérique y sont défavorables.

Quand le baromètre monte et que le vent tourne vers le nord, la phosphorescence diminue d'éclat, et l'ozone de quantité ; mais, pendant que le courant polaire continue, le baromètre atteint son maximum, le vent tourne du nord à l'est, le phosphore cesse d'être lumineux et l'ozone disparaît. Si, quand

7

le vent est tourné à l'est, les indications du baromètre commencent à décroître, le vent se dirige vers le sud, le phosphore devient lumineux et l'ozone apparaît. Et, tant que
le courant sud ou équatorial continue, les indications du baromètre tombent au minimum, le vent tourne du sud à l'ouest,
la phosphorescence devient brillante et l'ozone se trouve en
quantité maximun. Quand les corps liquides et gazeux sont en
contact avec du phosphore à l'état non lumineux, ils deviennent phosphoratés, et si les conditions sont favorables, ils
deviennent phosphorescents et ozonés. La température à laquelle se manifeste la phosphorescence varie avec la pression
de l'atmosphère.

Comme le sang contient du phosphore (gras phosphoraté)
qui, venant en contact avec l'oxygène de l'air pendant la respiration, se convertit en acide phosphorique (le sang étant
peut-être ozonisé en même temps), et se combine avec certains alcalins et alcalino-terreux dans la liqueur du sang,
formant ainsi des phosphates de soude, de magnésie et de
chaux, il ne me paraît pas illogique de supposer que la quantité de phosphore oxydé et de phosphates formés dans le
système et éliminés par les reins, soit en quelque degré déterminée par la pression et la température de l'atmosphère et
l'état général du temps.

Afin de vérifier la quantité d'acide phosphorique sécrétée
par les reins, j'ai examiné chaque jour, pendant douze mois,
l'urine d'un homme bien portant. La quantité d'urine évacuée en vingt-quatre heures était mesurée chaque jour, ainsi
que la quantité d'acide phosphorique contenue dans une once
(31^{gr},09) de cette urine. L'homme avait des habitudes de
sobriété ; il était rare que sa nourriture variàt en qualité ou
en quantité. Elle consistait en thé, pain beurré, œufs, viande,

riz, farine d'avoine et lait. Les deux sortes d'aliments en excès
étaient le pain et le lait; de ce dernier, il prenait au moins
trois pintes par jour. Les indications du baromètre et du thermomètre, la quantité d'ozone atmosphérique, et la direction
du vent étaient soigneusement notées chaque jour. Les résultats étaient comparés chaque mois, et mis en tableau sous
la forme suivante :

1ᵉʳ Tableau, montrant la quantité moyenne journalière
d'acide phosphorique sécrété par les reins.

Quand le baromètre était		La température était		L'ozone était		Le phosphore était		Le vent était	
	gr (1)		gr		gr		gr		gr
Montant.	58,8		»		»		»		»
Descendant.	62,8	Croissante.	62,4	Présent.	62,0	Lumineux.	60,0	N.-E.	58,8
Au-dessus de 30 p. (2)	53,6	Décroissante.	61,4	Absent.	56,0	Non lumineux.	57,0	E.-S.	59,5
Au-dessus de 29 pouces	57,5		»		»		»	S.-O.	62,0
Au-dessus de 30 pouces	57,5		»		»		»	O.-N.	61,4
Au-dessus de 25 pouces	67,5		»		»		»		»
Au-dessus de 29 pouces	67,5		»		»		»		»

Ces résultats montrent que la quantité maximun d'acide
phosphorique sécrété, et selon toute probabilité formé dans
le système, se rencontre avec les conditions du courant équatorial ou sud et ozonifère de l'atmosphère; et que la quantité
minimum se rencontre avec les conditions du courant polaire
ou nord et non ozonifère. Les résultats des observations pour
chaque mois étaient semblables à ceux du tableau ci-dessus, à
l'exception de mars et de mai. Dans le mois de mars, il y avait
2 grains de plus de moyenne journalière quand le baromètre
montait que quand il descendait; et dans le mois de mai, les
quantités étaient égales pour les indications ascendantes et
descendantes. Les variations barométriques pour mars et mai

____

(1) Le grain équivaut à 65 milligrammes.
(2) Le pouce équivaut à 25 millimètres.

é'aient seulement de 1,217 pouces, tandis que pour août et novembre, les variations étaient de 1,532 pouces; et la différence minimum dans les quantités d'acide phosphorique sécrété atteignait une moyenne de 12 grains de plus quand le baromètre montait que quand il descendait. Quand les variations mensuelles du baromètre dépassent 1,5 pouces, la différence moyenne entre les deux sortes d'indications est de 6,8 grains de plus pour des indications décroissantes que pour des indications ascendantes; et quand les variations n'atteignent pas 1,5 pouces, la différence moyenne entre les deux sortes d'indications est de 3,4 grains seulement de plus pour les indications décroissantes que pour les indications ascendantes.

Durant les mois d'octobre à février inclusivement, c'est-à-dire durant les mois où la température de l'air est plus redevable à l'influence atmosphérique qu'à l'influence solaire, on a tenu un morceau de phosphore dans une cave obscure. On l'examina chaque jour, et l'on détermina chaque mois la quantité oxydée ou consumée. Les résultats sont donnés dans le tableau suivant :

2ᵉ Tableau, montrant que, quand la moyenne mensuelle des indications du baromètre était :

Entre	La quantité de phosphore oxydé était	La quantité moyenne journalière d'ozone était	Le nombre des jours d'ozone était	La quantité moyenne journalière d'acide phosphorique sécrété était
29 pouces et 29,5	41^{gr},3	2	18	62^{gr},5
29,5 et 30,0	20^{gr},0	1	8	55^{gr},6

Ce tableau montre que la quantité de phosphore oxydé dans l'air et la quantité qui s'oxyde en nous sont subordonnées aux mêmes conditions atmosphériques. Les indications barométriques sur lesquelles on expédie des télégrammes (organisation de l'amiral Fitzroy), pour prévenir d'avoir à se tenir sur ses gardes, sont conséquemment les indications décroissantes.

J'ai remarqué que 94 pour 100 des télégrammes sont accompagnés du commencement des périodes de phosphorescence. En même temps, l'ozone atmosphérique apparaît invariablement ou augmente en quantité. La quantité moyenne journalière d'acide phosphorique sécrété par les reins, la veille des télégrammes, est de 65,3 grains; le jour même, de 63,9 grains; moyenne, 64,6 grains, ou 3 grains 1/2 par jour au-dessus de la moyenne.

Les désastres accompagnant les changements météorologiques paraissent conduire aux résultats précédents.

La température profonde normale du corps humain est de 37-38 degrés centigrades.

Au-dessus de 38 degrés, .es phénomènes ataxiques ou convulsifs se produisent jusqu'à la mort arrivant entre 43-44 degrés le tétanos par .exemple.

Au-dessous de 37-38 degrés au contraire, ce sont les accidents adynamiques ou de prostration. La mort en ce dernier cas a lieu entre 22-23 degrés comme dans le choléra.

D'un côté, si l'oxygène du sang était complétement à l'état d'ozone, l'oxydation des éléments phosphorés du sang ou des tissus serait beaucoup trop rapide, puisqu'elle aurait lieu dès 27-28 degrés.

De l'autre, l'oxygène ordinaire ne les oxyde qu'à 60 degrés. Il en résulte évidemment que la moyenne d'ozone correspond à une moyenne d'oxydation de 37-38 degrés, qu'au-dessus elle est trop rapide (accidents ataxiques), et au-dessous impossible (adynamie).

Car, de même que la chaleur est le poison des muscles, comme dit Claude Bernard, elle est aussi *a fortiori* celui des nerfs.

En Angleterre, quand les vents sont à l'ouest, le nombre des suicides augmente considérablement, et sur le littoral du Pacifique, les trade-wind provoquent toujours une foule de cas d'aliénation mentale. « Je ne suis fou, dit Hamlet, que par le vent du nord-ouest ; quand le vent est au sud, je distingue très-bien un faucon d'un héron. »

C'est donc pendant les vents du nord, quand l'ozone est au minimum dans l'air, que l'oxydation du sang dans le cerveau s'opère dans les meilleures conditions.

Le corps, de même que la terre, a-t-il son équateur et son méridien magnétiques, puisqu'il possède des éléments para-magnétiques, le fer, et diamagnétiques, le phosphore ?

Quand la proportion de fer ou de phosphore diminue, dans le premier cas, la perturbation nerveuse domine ; dans le second, c'est la langueur organique générale. La santé paraît résider dans leur équilibre de proportions normales. Un moment viendra peut-être où l'organisme humain pourra être considéré comme un solénoïde et soumis à des règles ou lois hygiéniques aussi fixes que celles qui le régissent. Il serait superflu de démontrer que lorsque le baromètre descend à 74 centimètres, les idées ne sont plus les mêmes que s'il monte à 76 et demi, et qu'elles varient encore quand le vent est du nord au sud, c'est-à-dire dans la direction du méridien magnétique, ou qu'il souffle de l'est à l'ouest dans celle de l'équateur magnétique.

L'hygiène trouve là une utile application :

1° Le travail musculaire doit dominer pendant les vents d'ouest, et le travail cérébral pendant les vents d'est, de façon à pondérer l'influence physique du milieu ambiant.

2° Toutes les fois que la proportion normale d'ozone diminuera dans l'air, les miasmes qu'il détruit instantanément augmenteront au point de produire des épidémies, tant qu'un nouveau courant d'ouest n'aura pas renouvelé l'atmosphère.

RÔLE DU PHOSPHORE DANS LE CERVEAU.

En résumé, quel rôle joue le phosphore dans le cerveau ?

Doit-il entretenir l'état ozoné de l'oxygène du sang, pour favoriser l'oxydation?

De même que le fer contenu dans le sang paraît relier l'organisme à l'état magnétique terrestre, a-t-il parmi ses usages celui de relier le système nerveux à l'état électrique de l'atmo·sphère ?

Comme le chlorure de sodium pour le sang, empêche-t-il sur le cerveau l'action désorganisante de l'eau ?

Existe-t-il en proportion invariable dans le cerveau, comme le fer, comme les chlorures de sodium et de potassium, comme le fluor paraissent exister dans le sang? Comme ces diverses substances, est-il intermédiaire pendant les doubles décompositions dont les capillaires généraux sont le siége, revenant ainsi constamment à sa forme primitive quand l'effet chimique est produit?

L'expérience physico-chimique n'a pas encore dit son dernier mot, mais il est désormais acquis que le phosphore existe en notable proportion dans le cerveau humain, et que les éléments phosphorés charriés par le sang y sont transformés en acide phosphorique.

Qu'il en est l'élément minéral caractéristique. Que sous l'influence d'un travail cérébral assidu, et de la diète, cette proportion diminue d'abord ; puis si l'excès d'oxydation, pour des causes nerveuses diverses, est atteint, l'observation pathologique démontre que l'organe se détruit peu à peu en même temps que la fonction.

Les nerfs comme les muscles deviennent acides quand le travail est trop prolongé.

Dans les muscles, l'acidité arrête le mouvement.

Dans les nerfs, la sensibilité.

Dans les cellules cérébrales, la pensée.

Or, s'il est vrai que la composition, la forme et la fonction organiques sont réciproquement dépendantes de conditions corrélatives, leurs modifications doivent nécessairement produire les mêmes résultats. Les altérations de la substance cérébrale entraînent donc une modification de la pensée, de même que dans la composition des muscles ou des os elles modifient la locomotion et le mouvement.

Quand nous disons que le cerveau *brûle*, nous ne prétendons pas indiquer par là que l'organe lui-même se détruit dans les conditions régulières de son fonctionnement.

Au contraire, nous croyons que, sauf les cas particuliers d'excès d'oxydation sous des influences diverses, vrais en résultats destructifs pour le cerveau comme pour tous les tissus, le sang seul apporte au cerveau des matériaux qui sont chimiquement transformés en force nerveuse par cet organe comme la chaleur l'est en mouvement par le muscle. De plus, les matières trop vieilles, usées, sont en même temps échangées contre leur équivalent de matières nouvelles charriées par le sang : tel est le principe général des fonctions chimico-physiologiques de tous les organes et de tous les tissus.

Longtemps on a cru que la chaleur était produite par l'oxydation des aliments, et le travail mécanique par l'oxydation des muscles.

Meyer d'abord, puis Fick et Wislicenus, ont prouvé expérimentalement que la combustion du tissu musculaire pendant le travail ne produirait que la moitié environ de la chaleur transformable en mouvement par le corps humain.

La force mécanique provient donc des substances combustibles contenues dans le sang, et non pas de l'oxydation des muscles eux-mêmes.

M. Byasson a constaté une suroxydation de phosphore pendant le travail.

Mossler, répétant, en les confirmant, les mêmes expériences, est contredit par Hodges Wood.

Suivant ce dernier, l'activité cérébrale produit dans les urines une augmentation de phosphates alcalins, et une diminution de 20 à 40 pour 100 dans la proportion moyenne des phosphates terreux.

La proportion de phosphates considérés en masse ne subirait donc aucune augmentation soit pendant le repos, soit pendant le travail cérébral, mais une simple variation des uns aux autres ; de telle sorte que l'acide phosphorique n'augmentant pas, il n'y aurait conséquemment aucune suroxydation pendant la période d'activité de l'organe.

Ces résultats sont arbitraires et opposés à tous ceux obtenus par les expérimentateurs ; ils sont contraires à la composition du sang artériel pénétrant dans le cerveau et à celle du sang veineux après le travail ; contraires à la composition du cerveau même ; contraires à ce qui est absolument prouvé pour les muscles et les autres tissus ; contraires enfin à nos expériences personnelles relatées plus loin à l'article *Alimentation spéciale du cerveau.*

Nos opinions, basées sur l'expérimentation rigoureuse, se résument ainsi :

Le sang puise dans les aliments, et charrie les matériaux qui doivent être oxydés dans la mystérieuse profondeur des capillaires généraux, et ceux nécessaires au renouvellement des tissus eux-mêmes graduellement détruits.

Si le sang ne contient pas la proportion suffisante d'éléments spéciaux pour balancer les dépenses caloriques, musculaires et nerveuses, les tissus qui constituent une sorte de réserve de ces éléments les fournissent à l'oxydation, condition fatale de la vie, au détriment de leur propre substance, jusqu'au rétablissement de l'équilibre élémentaire du sang.

Aussi le cerveau, de même que le sang qui le pénètre intimement, contient une forte proportion de phosphore.

Quand l'alimentation ne fournit pas au sang la quantité indispensable pour le travail cérébral donné, la différence est donc compensée par un emprunt fait au tissu nerveux même, jusqu'à une certaine limite, au delà de laquelle apparaissent les diverses maladies résultant de la destruction lente, mathématique, pourrait-on dire, de l'organe et de la fonction.

La notion précise de la grande loi fondamentale de la vie :

Équivalence entre le travail et l'alimentation, entre la perte et la réparation, devient donc le but ultime de toutes les connaissances humaines sous peine de désorganisation, de maladie et de mort.

Donc le phosphore est indispensable à la fonction comme à la composition du cerveau, il est la condition essentielle de leur développement et de leur intégrité ; donc sans phosphore, point de pensée.

CHAPITRE IV

Dès que le phosphore fut découvert, il attira, non-seulement l'attention des chimistes, mais aussi celle des médecins. Ayant connaissance d'un corps doué de propriétés d'une telle activité, ceux-ci recherchèrent s'il ne devait pas modifier d'une façon avantageuse l'organisme malade.

Kunckel, qui en 1677 partagea avec Brandt l'honneur de sa découverte, l'employa dans les maladies chroniques sous le nom de pilules lumineuses. Plus tard, Kramer (1733) dit en avoir retiré de grands avantages dans la démence, l'épilepsie et les fièvres malignes ; Mentz (1754) signala ses heureux effets dans les fièvres adynamiques.

Parmi ceux qui le prescrivirent le plus dans le siècle dernier, il faut signaler Hartmann (1763), et Alphonse Leroy (1778), qui le préconisait déjà dans la frigidité génitale.

C'est surtout au commencement du xixe siècle qu'on a vanté ses propriétés. Hufeland (1811) l'administra dans les paralysies, et il fut plus tard imité par Gumpretch (1815) et Frank (1824).

Coindet (1804), Rœmer (1809) et Mentz signalent de très-bons résultats de son administration dans les fièvres adynamiques.

Lobstein l'a employé souvent, surtout dans l'aménorrhée et dans la chlorose ; Lœbestein-Lœbel dans l'amaurose et les faiblesses nerveuses considérables ; Gaultier de Claubry et Conradi dans les fièvres ataxo-adynamiques, etc., etc.

Malgré les bons résultats que disent avoir obtenus les auteurs précédemment cités, le phosphore tomba dans le discrédit de 1825 à 1850. Il en fut à peine question dans les traités de thérapeutique, parce qu'il était considéré comme un médicament très-dangereux et très-difficile à doser. Cela tient à l'infidélité des préparations phosphorées. En outre, les médecins du commencement de ce siècle l'administraient mal, et avaient une connaissance très-imparfaite des phéno-mènes déterminés par l'intoxication phosphorique, et des doses qui peuvent y donner lieu.

On peut s'en assurer en lisant leurs observations. Quelques-uns ont reconnu les accidents dus à l'ingestion du phosphore et ont eu le courage de les publier; d'autres ont attribué à tort la mort à l'empoisonnement; Weikard a cru que la mort était déterminée par la maladie contre laquelle on avait admi-nistré le médicament, quand elle était réellement due au phosphore.

Weikard (1) avait ordonné 6 grains de phosphore dans une apoplexie. Les excréments du malade devinrent lumineux ; vers le milieu du troisième jour, il fut pris d'un vomissement violent qui faillit lui coûter la vie. L'auteur cessa alors l'emploi du phosphore. Comme cela arrive toujours dans l'intoxi-cation phosphorique, le malade parut aller mieux. Weikard crut, non-seulement à la guérison de l'empoisonnement, mais à l'amélioration de la maladie, et il vit avec surprise la mort survenir quatre jours après.

D'autre part, Lœbestein-Lœbel (2) administra $1/8^e$ de grain à un épileptique. Au bout de vingt-cinq minutes, dit-il, les

____

(1) *Bibliothèque médicale*, p. 349.
(2) Bayle, *Bibliothèque de thérapeutique.*

symptômes de l'intoxication se manifestèrent et la mort survint, attribuée à tort à l'intoxication, car on peut certainement administrer 1/8° de grain de phosphore sans danger.

Bréra (1798) et Lauth (1811) signalèrent des cas d'empoisonnement. Bréra parlait déjà de l'ictère et de la douleur de l'hypochondre droit.

Les accidents survenus à des hommes aussi expérimentés que Lauth et Bréra rendirent les médecins fort circonspects ; aussi a-t-on regardé le phosphore comme un médicament des plus dangereux.

Dans ces dernières années, grâce aux travaux de MM. Méhu et Vigier, on peut avoir des préparations très-stables de phosphore, et l'on peut l'administrer sans inconvénients, en surveillant attentivement son action.

M. Delpech l'emploie depuis cinq ans à l'hôpital Necker et obtiendrait de très-bons effets dans les paralysies et surtout dans l'intoxication par le sulfure de carbone. Après Lœbestein-Lœbel, MM. Strupipf (1855) et Henning (de Zerbst) l'ont prescrit dans les amauroses rebelles ; M. Dujardin-Beaumetz aurait amélioré des ataxiques, et M. Gueneau de Mussy aurait procuré la guérison du tremblement mercuriel en administrant le phosphore (1).

ACTION DU PHOSPHORE SUR L'ORGANISME.

Nous avons à étudier l'action du phosphore sur l'organisme sous trois points de vue différents : 1° action locale ; 2° action du phosphore à petites doses ; 3° action du phosphore à hautes doses.

1° *Action locale.* — Les effets du phosphore appliqué loca-

(1) H. Serrée, *Études sur le phosphore*, 1869.

lement ont été parfaitement étudiés par M. Ranvier (1). Il a
placé des fragments de phosphore sous la peau et dans l'épaisseur des muscles de différents animaux (grenouille, cochon
d'Inde, lapin), et jamais il n'a vu se développer de phénomènes inflammatoires autour de ces fragments de phosphore.
Si, chez le même animal, on introduit en même temps et
dans une autre partie un corps étranger, on observera du côté
de ce dernier des phénomènes inflammatoires bien tranchés,
tandis que du côté du phosphore ces phénomènes seront peu
appréciables. Ce fragment de phosphore représente, par sa
forme anguleuse persistante et par sa consistance, un véritable corps étranger ; il devrait donc, comme tel, déterminer
des phénomènes inflammatoires, si son action comme corps
étranger n'était pas contrebalancée par une action spéciale,
action qui enlève aux cellules, au moins en partie, la propriété
de subir l'irritation formative, s'oppose à la multiplication
des éléments cellulaires et empêche aussi ce mode d'inflammation que les Allemands ont caractérisé d'interstitiel, et
dont le caractère principal est la multiplication des éléments
cellulaires du tissu connectif.

2° *Effets à petites doses*. — Nous observons, au début, des
phénomènes d'excitation qui portent sur l'ensemble du système nerveux. On voit les personnes soumises à cette médication éprouver une activité plus grande dans les mouvements; ils sont plus libres, leur force est augmentée. Ces
faits sont aujourd'hui connus et nous semblent être démontrés
par les expériences suivantes :

« Un étudiant fort et robuste, âgé de vingt ans, expérimentant sur lui-même les effets du phosphore, éprouva

(1) *Société de biologie*, 1866.

d'abord un sentiment de plénitude des forces et de légèreté
dans tout le corps. La nuit, il eut des érections vives et fréquentes avec pollutions ; le pouls était vif et accéléré. »
(Sorge, *Du phosphore*. Leipzig, 1862.)

Je regrette de ne pas trouver indiquées les doses employées
dans ce cas et dans le suivant :

Le docteur Sorge, expérimentant sur lui-même le phosphore, a ressenti les mêmes effets et même du tremblement
dans tout le corps pendant tout un jour ; il ressentit aussi des
obnubilations et vit des phosphènes. Nous pourrions encore,
à ce sujet, multiplier les observations ; qu'il nous suffise de
mentionner que Bouttatz éprouva les mêmes effets en prenant, de deux heures en deux heures, 20 gouttes de la liqueur
suivante :

> Éther sulfurique.................... 8 grammes.
> Phosphore....................... 20 centigrammes.

Du reste, les expériences faites récemment sur les animaux
confirment de plus en plus son action excitante sur le système
nerveux. On a fait prendre à un lapin du phosphure de zinc
(1 milligramme); au bout du quatrième jour, on pouvait
constater une excitation très-notable du système musculaire
se traduisant par une agitation considérable, une hyperesthésie
telle, que lorsqu'on le touchait, il faisait des bonds prodi-
gieux.

Du côté des organes génitaux, l'excitation est aussi marquée,
et c'est ce qui a fait ranger le phosphore parmi les aphrodi-
siaques. Alph. Leroy lui avait du reste reconnu cette propriété, et son observation est rapportée dans les Mémoires de
la Société d'émulation, 1802. « Leroy, après avoir pris
25 centigrammes de phosphore incorporé dans de la thé-

riaque, se trouva incommodé pendant plusieurs heures. Ce malaise disparut après avoir bu quelques petites doses d'eau très-froide. Les urines étaient rouges et laissaient déposer un sédiment blanc (phosphates probablement). Mais le lendemain, mes forces musculaires étaient doublées et je ressentis une excitation vénérienne très-prononcée. » Bouttatz, dont nous avons parlé plus haut, avait également noté cette action du phosphore (Bouttatz cité par Bayle. *Bullet. thérap.*, t. II).

M. Delpech, en administrant le phosphore dans l'intoxication par le sulfure de carbone, a également noté ce réveil des fonctions génésiques. Du reste, les lapins et autres animaux soumis aux expériences ont paru éprouver les mêmes effets. Ces phénomènes d'excitation sont loin d'être constants, et l'analyse de nos observations nous fait voir que quelques-uns de nos malades n'ont éprouvé aucune surexcitation du côté de cet organe.

Si nous examinons maintenant la circulation, nous trouvons entre les différents auteurs une divergence d'opinion assez marquée. Ainsi Pilger, ayant donné 50 centigrammes de phosphore à un vieux cheval fort épuisé, constata une grande augmentation d'activité dans tous les organes. On le saigna à la veine jugulaire, le sang en sortit avec impétuosité, extrêmement chaud, fumant et ayant une odeur marquée de phosphore. (Pilger, traduit par Oddier. *Ann. clin. de Montpellier*, t. XXXVIII.)

Cependant, dit M. Dujardin-Beaumetz, « chez un homme auquel j'avais administré 10 milligrammes de phosphore (10 capsules d'huile phosphorée de 1 milligramme), le pouls a été noté de quart d'heure en quart d'heure pendant deux heures. Avant l'ingestion, le malade avait 68 pulsations ; au moment de l'ingestion, 70 ; puis après nous notions le nombre suivant de pulsations : 70, 68, 66 ; enfin, au dernier quart d'heure 65. » Ces expériences, souvent répétées, lui ont permis de constater, tantôt une légère augmentation, tantôt une légère diminution, et de là il conclut que le phosphore n'agit pas d'une manière très-active sur la circulation. Que devient la température au milieu de cet ensemble de phénomènes ? Si nous nous reportons à ce sujet aux ouvrages les plus complets qui aient traité cette matière, nous les trouvons muets à cet égard. Nous ne nous étonnons pas de cette lacune, les auteurs de ces différentes expérimentations ne possédant pas à cette époque les instruments nécessaires à ce genre de recherches. Ici nous avons encore recours aux expériences de M. Dujardin-Beaumetz, qui, après avoir donné, pendant un mois, à un lapin, du phosphure de zinc en élevant progressivement la dose jusqu'à 25 milligrammes, constata avec le thermomètre de M. Potain, introduit dans l'anus, deux heures après l'administration de la dernière dose, une température de 39°, 3 ; chez un autre lapin à l'état normal, la température était de 38°, 9. Cette différence de 4 dixièmes en faveur du lapin soumis à l'expérience permet d'avancer que l'action du phosphore sur la température est à peine sensible.

Sous l'influence du phosphore, on voit la sécrétion urinaire éprouver quelques modifications ; les urines deviennent plus abondantes et laissent quelquefois déposer un sédiment limoneux. La miction devient plus fréquente.

Résumons en peu de mots l'action du phosphore administré à petites doses : augmentation des forces, sentiment de bien-être, de légèreté, excitation génésique plus ou moins prononcée ; en un mot, une excitation bien marquée du système nerveux, sans changement notable dans la circulation.

Malheureusement le phosphore, même à faibles doses, souvent n'est pas toléré par l'estomac ou l'intestin, et produit des désordres inflammatoires qui obligent de suspendre son emploi.

Effets à hautes doses. — L'observation attentive des effets toxiques a presque toujours amené les médecins à employer comme médicament un certain nombre de substances ; mais nous ne pouvons ici nous arrêter à décrire l'en.poisonnement par le phosphore, car nous évitons autant que possible de développer de pareils symptômes, et d'un autre côté les indications fournies par cette étude ne pourraient nous être d'aucune utilité, le phosphore à haute dose produisant des effets contraires à ceux que nous venons d'observer, tels que prostration des forces, troubles de la sensibilité et de la motilité, troubles de la circulation ; de plus, il entrave la nutrition et produit des dégénérescences graisseuses dans différents organes (1).

Le phosphore est administré sous de nombreuses formes pharmaceutiques.

A l'extérieur, on l'emploie en pommades ou liniments huileux.

A l'intérieur, en pilules ou en huile phosphorée.

Dans ces dernières années, le phosphure de zinc, à la dose de 8 milligrammes, contenant 1 milligramme de phosphore, les hypophosphites, les phosphates de fer, de soude, de chaux, se sont partagés la faveur des médecins.

Nous verrons plus loin, au chapitre de l'alimentation, combien peu souvent ces préparations phosphorées permettent d'atteindre le but proposé.

____

(1) Morris, *Études sur le phosphore.* Paris, 1868.

DE L'EMPLOI INTERNE DU PHOSPHORE.

Le phosphore a été employé à l'intérieur :

I. *Contre les phlegmasies et les affections convulsives.* — On y a renoncé avec juste raison, car il est plutôt contre-indiqué.

II. *Comme tonique général.* — 1° Dans les fièvres adyna-miques; Kramer, Mentz, Conradi de Nordheim, signalent de très-heureux résultats;

2° Dans la fièvre hectique (Conradi);

3° Dans la cachexie paludéenne (Hufeland);

4° Dans l'aménorrhée, la chlorose (Lobstein), le scorbut (Alibert), la phthisie.

III. *Comme tonique du système nerveux.* — Dans la mélancolie, la démence, la manie (Alibert);

La paralysie générale ;

L'hémiplégie;

L'ataxie locomotrice progressive (Dujardin-Beaumetz);

Les paraplégies (Hufeland, Franck, Delpech) ;

L'amaurose (Lœbestein-Lœbel, etc.) ;

La paralysie du nerf moteur oculaire commun (Tavignot);

L'épuisement vénérien (Alphonse Leroy);

L'intoxication saturnine (Gaultier de Claubry);

Le tremblement mercuriel (Gueneau de Mussy);

L'empoisonnement par le sulfure de carbone (Delpech).

IV. *Comme excitant les sécrétions.* — Pour faciliter et provoquer l'éruption de la scarlatine (Morgenstern); au début de la rougeole et de la petite vérole (Conradi); dans les hydropisies, l'œdème, l'anasarque (Gaultier de Claubry); dans la phthisie, par O. Hartmann, Glower, Payne-Cotton, Churchill, Delambre, Lente, Vigla, Riecken Plachner, Voisin, Jankowitch, etc.

D'après M. Mialhe, le phosphore est absorbé après avoir été dissous dans un corps gras. Pour lui, l'absorption à l'état de corps simple est la règle, et l'absorption par la réaction chimique l'exception. Il admet comme les auteurs précédents qu'il s'oxyde ensuite aux dépens de l'oxygène du sang.

Dans ces derniers temps, M. Lecorché (1) a soutenu que l'empoisonnement est dû, tantôt à l'hydrogène protophosphoré, tantôt à l'acide phosphorique. L'hydrogène protophosphoré prend naissance, soit dans l'estomac où il trouve de l'hydrogène naissant pour se former, soit dans le sang où le phosphore brûle incomplètement, de façon à déterminer la formation d'hydrogène phosphoré et d'acide phosphoreux.

L'empoisonnement par l'hydrogène phosphoré a lieu, suivant cet auteur, surtout lorsque l'animal est à jeun; parce que, dans ce moment, il existe très-peu d'oxygène dans l'estomac; mais l'intoxication par l'acide phosphorique est consécutive à la précédente, l'hydrogène phosphoré se transformant en acide phosphorique en présence de l'oxygène qui se trouve dans le sang.

Si le sujet empoisonné est très-faible et très-débilité, l'acide phosphorique ne se forme pas, à cause de la diminution de l'oxygène du sang et de la température, et alors la mort est consécutive à l'intoxication par l'hydrogène phosphoré.

L'empoisonnement par l'acide phosphorique détermine, d'après M. Lecorché, la dissolution des globules; l'hydrogène phosphoré les prive d'oxygène, et alors l'animal meurt d'asphyxie. L'examen spectroscopique donne un résultat diffé-

____

(1) *Archives générales de physiologie*, janvier-février 1869.

rent dans les deux cas. Dans le premier, on ne peut jamais retrouver les deux raies de l'hémoglobine ; dans le second, on peut les retrouver après le battage du sang au contact de l'air.

A l'empoisonnement par l'acide phosphorique, M. Lecorché rattache l'ictère, qui serait un ictère hémaphéique succédant à l'altération des globules. — Les hémorrhagies seraient produites par la même cause, et ce ne serait qu'à la période terminale que surviendraient celles qui sont produites par la rupture des capillaires.

Ainsi, M. Lecorché admet que, tantôt l'empoisonnement a lieu par l'hydrogène phosphoré, opinion déjà émise par MM. Lordos et Streichard, tantôt par l'acide phosphorique, comme l'avaient déjà soutenu MM. Munck et Leyden.

Le phosphore peut certainement être absorbé en nature. Davy a démontré que le phosphore fournit, à 35 ou 40 degrés, des vapeurs qui se dialysent d'autant mieux que la pression est faible ; or le phosphore est précisément soumis à ces conditions dans l'estomac et l'intestin. Il peut rester douze heures dans la cavité gastro-intestinale, puisque les selles et les matières vomies sont phosphorescentes à cette période. Il peut passer à travers la muqueuse stomacale, non-seulement à l'état de vapeur, mais dissous dans un liquide alcalin ; car MM. Vogt et Bamberger ont prouvé qu'il pouvait pénétrer de cette façon à travers les membranes animales. Enfin, il peut être absorbé dans l'intestin grêle, après avoir été dissous dans les graisses qui font partie des matières alimentaires (Mialhe).

Quel que soit l'état dans lequel il se trouve au moment de son absorption, le phosphore semble déterminer des accidents par suite de son oxydation dans l'économie.

Les expériences de M. Personne (1) semblent confirmer cette manière de voir.

On sait que l'essence de térébenthine empêche l'oxydation du phosphore à l'air libre ; il en serait de même dans l'économie animale.

M. Personne a soumis des chiens à l'expérimentation, et ses expériences peuvent se diviser en trois séries :

Les premiers ont pris du phosphore seulement ; ils ont succombé.

Les seconds ont pris une même dose de phosphore que les premiers et de l'essence de térébenthine quelques heures après. Ils ont présenté des phénomènes d'intoxication, mais n'ont pas succombé.

Enfin ceux de la troisième série ont pris l'essence de térébenthine immédiatement après l'ingestion du phosphore, et ils n'ont présenté qu'une légère indisposition.

En résumé si, d'une part, le cerveau humain contient une forte proportion de phosphore, environ 5-6 grammes ; si, de l'autre, l'expérimentation prouve que le travail cérébral, en augmentant la chaleur, active la vitesse des échanges, par suite la perte des matières organiques ou inorganiques du sang et des tissus ; si l'observation clinique, enfin, démontre que, dans tous les cas où les éléments phosphorés du cerveau ont subi une altération chimique par suite d'intoxication spéciale par le sulfure de carbone, notamment, dont la propriété particulière est de dissoudre les corps gras, ils ont été plus ou moins régénérés par l'administration de très-petites doses de phosphore, que l'activité de ce médicament empêchait de dépasser, il est permis de supposer que l'action a dû être

(1) Rapport à l'Académie des sciences, février 1869.

très-incomplète dans une foule de cas et conduire à des succès relatifs.

Pour nous, à doses toxiques, le phosphore produisant la dégénérescence graisseuse des tissus, doit avoir pour rôle, dans l'organisme, de présider méthodiquement, à doses alimentaires ou thérapeutiques, à la production et à la conservation des corps gras du cerveau et des nerfs. Les corps gras renferment infiniment diffusée la matière phosphorée essentielle et caractéristique du cerveau.

CHAPITRE V

« Mens agitat molem. »

Quelle que soit la profession qu'on exerce, il est d'une grande importance de savoir bien ordonner sa vie.

Une des premières règles de cet art difficile, c'est de combiner dans une certaine proportion les travaux du corps et ceux de l'esprit.

« Platon nous admonestoit sagement, dit Plutarque, de ne remuer et n'exercer point le corps sans l'âme, ni l'âme sans le corps, ains les conduire également tous deux comme une couple de chevaux attelez a un mesme timon ensemble. »

L'exercice de l'intelligence trompe agréablement la fatigue physique, en même temps que chez des hommes adonnés aux travaux intellectuels, un exercice musculaire modéré ranime la pensée et éveille l'imagination.

C'est en se promenant dans la forêt de Montmorency que J.-J. Rousseau a composé les plus belles pages de ses écrits.

Les anciens ne séparaient pas les exercices du corps de ceux de l'âme. Les gymnases rassemblaient les philosophes et les lutteurs.

L'académie de Platon, le portique de Zénon, les jardins d'Épicure et le lycée d'Aristote, sont des témoignages certains que les plus grands philosophes aimaient à se promener en discourant.

« Telle est la nature de notre esprit, dit Feuchtersleben, que le repos le délasse moins que la variété (1). »

Voltaire avait quelquefois dans sa chambre cinq pupitres sur lesquels il travaillait à des ouvrages différents.

Nul n'a mieux su que Cornaro associer dans une juste mesure les exercices du corps aux plus pures jouissances de l'esprit.

« Je passe, dit-il, mon temps sans dégoût, parce que je trouve à en occuper toutes les heures avec plaisir.

» J'ai souvent occasion de causer avec nombre de gens distingués par l'esprit, les mœurs, le goût des lettres ou par un talent supérieur.

» Si leur conversation me manque, je lis quelque bel ouvrage. Ai-je lu suffisamment, j'écris.

» J'ai aussi la jouissance de jardins délicieux, où je trouve toujours quelques occupations agréables.

» Parfois encore je prends le plaisir d'une chasse facile, agréable et appropriée à mon âge.

» Un détail qui montrera quels avantages j'ai retirés de ma vie régulière, c'est qu'à quatre-vingt-trois ans j'ai pu composer une comédie toute pleine d'une honnête gaieté et de saillies piquantes.

» Mon existence est double, pour ainsi dire : terrestre quand j'agis, céleste quand je pense. »

Le régime des gens de lettres et des artistes est souvent très-bizarre. Il ne serait pas impossible toutefois de retrouver

____

(1) *L'art de vivre longtemps.* Noirot, 1867.

dans leurs ouvrages la trace, soit de leurs principales habitudes, soit même quelquefois de leurs excentricités (1).

Vous savez quel était le régime de notre grand romancier Balzac dans ses crises de composition. Après un frugal dîner, il se couchait à six ou sept heures, se faisait réveiller à minuit, prenait du café noir, ou plutôt verdâtre, extrêmement fort, et travaillait jusqu'à midi.

Eh bien! dans ses œuvres pleines d'effort, — quel que soit le génie, — ne sentez-vous pas cet homme surmené, ce tempérament nervoso-sanguin, encore *entraîné* artificiellement par les excès d'un tel régime?

M. Michelet travaille matin, mais emploie aussi le café. Dès qu'il se lève, à six heures, il l'avale : cela *le porte*, dit-il, jusqu'à midi. — Le porte? Non, l'enlève. On le sent à son style, — plein d'éclairs, mais aussi de saccades fébriles, — le tempérament supra-nerveux, le sang picard. Mais cette complexion prodigieusement riche, virile et féminine en même temps, demanderait tout un chapitre.

Dans son dernier volume, cet écrivain attribue à « l'avénement du café » une partie de l'esprit nouveau, léger, ailé, révolutionnaire, de notre grand XVIIIe siècle, — et à la fumée du tabac, l'engourdissement de l'âme française dans ces derniers temps (2).

Turgot ne travaillait bien que quand il avait largement dîné. Pitt ne mangeait jamais que chez lui, et sa table était frugale; seulement, lorsqu'il avait une affaire importante à discuter, il prenait un peu de vin de Porto avec une cuillerée de quinquina. Addison parle d'un avocat qui ne plaidait

(1) *Physiologie des écrivains et des artistes*, E. Deschanel.
(2) Voyez *La régence*, p. 174 à 177.

jamais sans avoir dans la main un bout de ficelle dont il serrait fortement un de ses pouces pendant tout le temps que durait son plaidoyer ; les plaisants disaient que c'était le fil de son discours. Le docteur Shapman rapporte qu'un avocat célèbre de Londres se faisait appliquer un vésicatoire au bras chaque fois qu'il avait une affaire importante à plaider (1).

Girodet n'aimait pas à travailler pendant le jour. La nuit, quand l'inspiration lui venait, il se levait, faisait allumer des bougies, et, ainsi affublé, ce mamamouchi peignait ses grands cabas diluviens. — Michel-Ange quelquefois avait fait à peu près de même, mais avec une seule chandelle ; et, pour le statuaire, l'effet est bien différent.—L'historien Mézeray ne travaillait qu'à la chandelle, même en plein jour et en plein été ; il ne manquait jamais de reconduire jusqu'à la rue, le flambeau à la main, les personnes qui lui rendaient visite. Grétry, pour s'animer dans la composition, jeûnait et prenait du café, s'échauffait jour et nuit à son piano, jusqu'à cracher le sang avec une abondance effrayante ; l'œuvre faite, il se reposait et tâchait d'arrêter l'hémorrhagie. Bossuet se tenait dans une chambre froide, et la tête chaudement enveloppée. Schiller, avant de composer, se mettait, dit-on, les pieds dans la glace. Guido Reni peignait avec une sorte de pompe ; il était alors vêtu magnifiquement, et ses élèves le servaient en silence, autour de lui rangés. Le musicien Sarti ne composait que dans l'obscurité. Cimarosa, pour s'exciter, cherchait la lumière et le bruit. Paisiello ne s'inspirait qu'enseveli dans ses couvertures... (2).

(1) Réveillé-Parise, *Physiologie et hygiène des hommes livrés aux travaux de l'esprit.*
(2) Id., *ibid.*

FOLIE ET GÉNIE.

« Les dispositions d'esprit qui font qu'un homme se distingue des autres hommes par l'originalité de ses pensées et de ses conceptions, par son excentricité ou l'énergie de ses facultés affectives, par la transcendance de ses facultés intellectuelles, prennent leur source dans les mêmes conditions organiques que les divers troubles moraux dont la *folie* et l'*idiotie* sont l'expression la plus complète », et le livre du docteur Moreau (1) aboutit à cette conclusion : « Le génie n'est qu'une névrose. »

« De l'accumulation insolite des forces vitales dans un organe, dit-il, deux conséquences sont également possibles : plus d'énergie dans les fonctions de cet organe, mais aussi plus de chances d'aberration et de déviation de ces mêmes fonctions. Une des preuves les plus concluantes de ce que nous avançons, dit toujours M. Moreau, est celle-ci : L'état dans lequel la puissance intellectuelle se montre à son apogée, et jette de si éclatantes lueurs que la philosophie antique en faisait remonter l'origine jusqu'à la divinité même, l'état d'*inspiration*, est précisément celui qui offre le plus d'analogie avec la folie réelle. Ici, en effet, *folie* et *génie* sont presque synonymes, à force de se rapprocher et de se confondre. »

Comment donc ne pas voir dans cette sorte d'éréthisme cérébral les phénomènes qui caractérisent le délire qu'on appelle *excitation maniaque*, à savoir : défaut de conscience, absence de volonté. etc.?

A la durée près, ce sont faits organiques et intellectuels absolument identiques; toute la distinction à faire réside, en

(1) Moreau, *La psychologie morbide, dans ses rapports avec la philosophie de l'histoire, ou De l'influence des névropathies sur le dynamisme intellectuel.*

effet, dans la différence entre les deux mots : exaltation, per-turbation.

Le docteur Moreau dit encore :

« Toutes les intelligences se classent successivement, et d'une manière non interrompue, aux divers degrés d'une échelle, dont l'extrémité inférieure est occupée par l'*idiot*, par des êtres humains imparfaits, réduits dans leur existence morale à des sensations ou perceptions incomplètes, et le sommet par le *maniaque*, en proie à l'exaltation la plus violente. Je distingue confusément la place qu'occupe ce que l'on appelle la *raison* entre ces deux extrêmes. Si je monte un degré de plus, je trouve un état mental, une disposition particulière de l'esprit, qui est bien déjà quelque chose de plus que la raison, mais qui n'est pas encore la manie, c'est l'excitation. »

Ce qui est vrai, c'est qu'un très-petit nombre de personnes, passé trente-cinq ans, sont dans un état de santé complète ; que presque toutes, plus ou moins, sont entamées, à découvert ou en secret ; à plus forte raison, les gens de lettres et les artistes, dont l'état nerveux héréditaire et inné est surexcité sans cesse. La concentration habituelle dans laquelle ils vivent, la fermentation presque continuelle de leur cerveau, les allume, les use, les mine. Ils brillent en brûlant. Ce sont donc, à certains égards, des demi-malades ; cela est incontestable. Il semble que leur pensée profite de tout ce qu'ils ôtent à leur corps : tandis qu'il s'étiole, elle se fortifie ; ils se démolissent physiquement, à mesure qu'ils se construisent moralement. — Mais, s'ils tenaient mieux l'équilibre entre leur esprit et leur corps, les choses en iraient-elles moins bien, et leur talent y perdrait-il ? Non, certes ! Au contraire, il y gagnerait (1) !

(1) E. Deschanel, ouvrage cité.

Quoi qu'il en soit, la nécessité ou l'entraînement du travail les consume ainsi et les met dans un état semi-morbide. Récemment, le docteur Bouchut appelait l'attention de ses confrères et du public sur cet état nerveux, aigu ou chronique, qu'il appelle *nervosisme*, et qui est, suivant lui, la maladie ordinaire des hommes de lettres et des artistes; gens faibles, délicats, irritables : *genus imbecille*, dit Celse; *genus irritabile vatum*, dit Horace.

Les troubles du système nerveux réagissent sur l'appareil circulatoire et digestif, dérangent la nutrition, l'hématose, la calorification et l'ensemble des fonctions vitales. C'est une porte ouverte à tous les maux, et avec cette prédisposition générale, la moindre cause occasionnelle, les idiosyncrasies acquises ou héréditaires, certaines prédominances organiques, viennent les fixer dans un organe ou dans un tissu déterminé de préférence à un autre.

En résumé, les impressions morales jouent un grand rôle dans la production immédiate ou éloignée des maladies : *mens agitat molem*. Leur influence sur l'innervation, la circulation, l'hématose, les différentes sécrétions dans l'état normal, montre jusqu'où peut s'étendre leur puissance morbifique.

Les impressions morales ont une double influence sur l'économie, selon qu'elles sont dépressives ou expansives.

Toutes agissent par l'intermédiaire du système nerveux et par action réflexe sur la composition du sang, des humeurs, des tissus et des différents appareils dont les fonctions sont plus ou moins profondément troublées.

Aux impressions morales dépressives correspondent l'indigestion, la dyspepsie, la chloro-anémie, l'hypochondrie, la démence, les maladies du foie, le typhus, le scrofulisme, le cancérisme, les maladies du cœur, etc.

Aux impressions morales expansives, la gaieté, la pléthore et la santé. Témoin le fait suivant attribué à Bouvart. Ce médecin, appelé à soigner un négociant affecté d'une maladie grave depuis la suspension de ses payements, arracha son client à une mort certaine en lui laissant, dit-on, cette ordonnance : « *Bon pour trente mille francs à prendre chez mon notaire.* »

Aux impressions morales vives et perturbatrices, quelle que soit leur nature, les paralysies, les convulsions, l'épilepsie, l'hydrophobie, la cholérophobie, les altérations du sang, l'hydrémie, la cholémie, l'aglobulie, les apoplexies, la syncope et la mort, etc., etc. (1).

CÉRÉBROSCOPIE.

L'ophthalmoscope permet souvent de découvrir, à l'intérieur de l'œil, des lésions de circulation, de sécrétion et de nutrition qui annoncent une maladie organique du système cérébro-spinal. Cette méthode d'investigation a reçu le nom de *cérébroscopie* (Bouchut).

La congestion et l'œdème papillaire, les hémorrhagies rétiniennes, la névrite optique, la rétino-choroïdite et l'atrophie papillaire accompagnent la plupart des maladies aiguës et chroniques des méninges du cerveau et de la moelle.

C'est par les rapports anatomiques et physiologiques de l'œil avec la moelle et le cerveau qu'il faut expliquer la coïncidence des névrites optiques avec les lésions organiques du système nerveux, et trois lois pathologiques rendent compte de ces lésions.

Ces lois sont les suivantes :

(1) Bouchut, *Traité de pathologie générale*, 1870.

1° Toutes les fois qu'un violent obstacle à la circulation cérébrale se produit par le fait d'une lésion de l'encéphale ou de la moelle, il y a, sous l'influence de ce barrage, une hypérémie papillaire et rétinienne.

2° Quand une phlegmasie aiguë ou chronique occupe l'encéphale, l'inflammation peut se propager dans l'œil, en suivant le trajet du nerf optique qui sert de conducteur.

3° Les maladies des cordons antérieurs de la moelle peuvent, en raison de leur anastomose avec le grand sympathique au niveau des deux premières paires dorsales, produire dans l'œil des phénomènes d'hypérémie papillaire qui engendrent plus tard l'atrophie du nerf optique.

Ainsi basée sur l'anatomie, sur la physiologie et sur la clinique, la sémiotique des maladies du système cérébro-spinal mérite de prendre une place importante dans la science, et je ne crois pas exagérer en disant qu'au fond de l'œil on peut voir une partie des lésions qui se forment dans le cerveau.

Maintenant, quel est le mode de production des lésions intra-oculaires dans les maladies cérébrales, ou physiologie pathologique, ou, si l'on veut, quelle en est la loi?

Quand on réfléchit avec attention sur ce qui se passe dans l'œil des individus chez lesquels il y a une maladie des méninges, de la moelle et du cerveau, on comprend bien vite, par suite du rapport anatomo-physiologique de ces organes, comment l'intégrité de l'un peut être compromise par la maladie de l'autre. De plus, l'intérieur de l'œil est la seule partie du corps où l'on puisse voir directement, presque à nu, les circulations artérielle ou veineuse avec leurs capillaires. Là, au moyen de l'ophthalmoscope, se voient les artères et les veines de la rétine, les capillaires choroïdiens, plus ou moins apparents selon l'épaisseur de la couche pigmentaire, forman un réseau rougeâtre à mailles très-étroites, analogue au réseau verdâtre des feuilles d'arbres observées par transparence. — Toute cette circulation capillaire indique la vie, car elle disparaît au moment de la mort en donnant au fond de l'œil une couleur gris de plomb, et ses modifications sont le signe d'un état pathologique local ou cérébral et cardiaque.

Les observations de M. Bouchut se répartissent comme suit :

		Report	224
Méningite		Myélite chronique	8
Hémorrhagie cérébrale récente ou		Ataxie locomotrice	3
ancienne	32	Paralysie diphthéritique	6
Encéphalite	42	Paralysie typhoïde	2
Ramollissement cérébral aigu et		Tétanos	1
chronique	6	Épilepsie	54
Phlébite des sinus de la dure-mère	2	Éclampsie	1
Hémorrhagie méningée	1	Délire typhoïde	6
Hydrocéphalie chronique	11	Délire d'érysipèle de la tête	1
Rachitisme avec tête simulant l'hy-		Folie	2
drocéphalie	22	Encéphalite albuminurique	2
Tumeurs du cerveau	12	Paralysie des muscles de l'œil	7
Contusion du cerveau	3	Contracture dite *essentielle*	4
Paralysie générale	4	Méningo-encéphalite des chiens et	
Microcéphalie	3	lapins	11
A reporter	224	Total	332

On peut dire que dans les maladies organiques du système nerveux cérébro-spinal, il se produit, dans la majorité des cas, une lésion intra-oculaire plus ou moins bien caractérisée, souvent une névrite ou une névro-rétinite, et que la découverte de ces lésions peut donner une précision plus grande au diagnostic. Ce sont :

1° L'œdème ou infiltration séreuse et gélatineuse de la papille sur la totalité ou sur une partie de cet organe ;

2° L'hypérémie totale ou partielle de la papille ;

3° La dilatation exagérée des veines de la rétine ;

4° La thrombose et la stase des veines rétiniennes ;

5° Les flexuosités des veines ;

6° Les hémorrhagies de la rétine ;

7° Les anévrysmes des veines rétiniennes.

Dans les maladies chroniques, il y a, en outre des lésions que je viens d'indiquer, des altérations de nutrition qui ne peuvent se produire qu'avec le temps. Ce sont :

1° Les vésicules closes de la rétine, ce qui est rare ;

2° L'atrophie de la papille ;

3° L'infiltration granuleuse ou piqueté blanc de la rétine ;

4° Les granulations tuberculeuses et graisseuses de la rétine ;

5° Les plaques blanches de la rétine ;

6° Les tubercules de la choroïde ;

7° L'atrophie choroïdienne.

Peut-être trouvera-t-on encore, dans les membranes de l'œil, d'autres lésions en rapport avec les maladies cérébro-spinales, car on est loin d'avoir épuisé tout ce qui est relatif à ce sujet ; mais l'énumération que je viens de faire représente complétement ce qui a été observé jusqu'à ce jour (1).

CONSIDÉRATIONS GÉNÉRALES SUR LES CAUSES DES MALADIES
NERVEUSES ET CÉRÉBRALES.

Le système nerveux a pour fonction de transformer les impressions recueillies à la périphérie par les conducteurs centripètes en excitations motrices renvoyées aux muscles par les conducteurs centrifuges. Tantôt cette transformation

(1) Bouchut, ouvrage cité.

est immédiate, fatale et involontaire, tantôt elle est médiate, facultative et volontaire ; dans ce cas les deux termes extrêmes, apport centripète, émanation centrifuge, sont séparés par les actes de l'idéation, c'est-à-dire par les opérations complexes de la perception consciente, de la volonté et de l'intelligence. Le premier mode, mode automatique, appartient à l'appareil spinal ; le second, mode volontaire, appartient à l'appareil cérébral, instrument unique et indivisible des facultés animales supérieures et des facultés intellectuelles.

Aux trois ordres de fonctions dévolues au système nerveux répondent trois ordres de phénomènes morbides : troubles dans l'activité végétative, dans l'activité animale (sensibilité et mouvement volontaire), dans l'activité intellectuelle, voilà ces trois ordres de phénomènes ; ils forment les symptômes des maladies de l'appareil d'innervation, ils les caractérisent et les spécialisent, mais non au même degré. Les troubles végétatifs sont communs à une foule de maladies pour ne pas dire à toutes ; ils ont donc pour cela même une importance moindre ; mais les désordres de la sensibilité, du mouvement et de l'intelligence sont propres aux maladies du système nerveux, ils en sont les signes directs, et dans un exposé didactique ils doivent occuper le premier rang, de même qu'au lit du malade c'est sur eux que se porte d'abord l'attention du médecin ; c'est d'eux qu'il attend la lumière, soit pour affirmer l'existence d'un désordre de l'appareil d'innervation, soit pour en découvrir le siége, l'étendue et la nature.

Ces *symptômes directs* (désordres de la sensibilité, du mouvement et de l'idéation), quelque variés qu'ils soient, ont tous la même condition pathogénique ; ils sont toujours le résultat d'un changement dans l'excitabilité normale des éléments nerveux. Quelle que soit la cause de ce changement, peu importe, le symptôme par lui-même ne l'indique pas ; il révèle simplement qu'une modification est survenue dans l'excitabilité, et comme, selon la juste remarque de Valentin, cette propriété n'est susceptible que de modifications quantitatives, on peut dire que les symptômes des maladies de l'appareil d'innervation sont tous, tant qu'ils sont, le résultat des altérations en plus ou en moins de l'excitabilité normale : de là la division classique de ces symptômes en phénomènes d'excitation et phénomènes de dépression, division éminemment clinique et qui a précédé de longtemps les études des physiologistes sur l'excitabilité de l'élément nerveux. Or les conditions nécessaires pour le maintien de l'excitabilité normale sont les suivantes : intégrité de la constitution matérielle de l'organe, circulation régulière du liquide nourricier, composition normale du sang, alternatives de repos et d'activité. La plus importante de ces conditions est sans contredit celle qui concerne la constitution matérielle de l'organe, mais il n'est pas moins vrai que le désordre de l'un quelconque des éléments précédents a pour effet de modifier en plus ou en moins l'excitabilité des cellules et la conductibilité des fibres nerveuses ; ce sont là les conditions pathogéniques générales des symptômes nerveux, quelle que soit d'ailleurs la maladie dans laquelle ils se montrent (1).

Dans l'état social actuel, l'homme s'écarte de plus en plus des voies tracées par la nature. De la nuit, il fait le jour. Son cerveau surmené travaille avant, pendant, après les repas, qu'il soit congestionné ou non. A jeun, quand la matière manque ; pendant la digestion, alors que la réplétion des vaisseaux rend l'absorption et par suite la réparation impossibles.

____

(1) Jaccoud, *Traité de pathologie interne*, 1870.

Chaque pièce de ses vêtements est un obstacle à la libre circulation du sang. Le grand air, la pleine lumière, n'exercent plus assez leur salutaire influence, et l'exercice qui rétablit l'équilibre entre l'activité nerveuse et la contractilité musculaire étant trop négligé, l'oxygène introduit dans les poumons ne se trouve plus alors en rapport avec les matières fournies par une alimentation surabondante. Les excès, les préoccupations, le désordre génital et cérébral enfin, atteignent le maximum, et il faut que la moelle ou le cerveau succombe, ou successivement tous les deux.

On laisse reposer les muscles fatigués après un exercice violent, et jamais le cerveau. Probablement parce qu'on ne le sent pas fonctionner.

Ce système nerveux admirable, l'intelligence, la vue, l'ouïe, l'odorat, le goût, le tact; tous ces présents du Créateur à l'homme, sens merveilleux qui empêchent l'univers d'être une vaste tombe, s'écroulent chaque jour sapés par les privations ou les excès. L'homme ne meurt pas, il se tue (Flourens).

Les maladies du cerveau sont aiguës ou chroniques, directes, c'est-à-dire intéressant l'organe lui-même, ou indirectes symptomatiques, quand les éléments du système encéphalo-rachidien sont mis en jeu à la suite de phénomènes non cérébraux indiquant l'origine de ces désordres; lorsque, par exemple, le cœur, le foie, l'estomac, l'utérus, la vessie, etc., sont primitivement affectés; ou dans le cours de certaines fièvres graves et d'empoisonnements.

PARALYSIE GÉNÉRALE (1).

La paralysie progressive et le ramollissement du cerveau sont malheureusement aujourd'hui les étapes finales de toutes les surexcitations nerveuses.

1° Deux doctrines principales ont été soutenues sur la manière dont la paralysie générale doit être envisagée au point de vue de ses symptômes essentiels.

La première, celle d'Esquirol, consiste à n'admettre qu'un seul ordre de symptômes essentiels fourni par la lésion des mouvements. Cet auteur déclare que les symptômes de paralysie, s'ils se trouvent réunis à la démence, ne doivent pas être confondus avec elle, « pas plus que les signes de scorbut qui complique souvent cette maladie ne peuvent être pris pour elle ». La conséquence de cette opinion, c'est qu'il existe chez l'aliéné paralytique deux affections différentes : la *démence* et la *paralysie*, comme chez d'autres malades existent la démence et le scorbut.

La seconde doctrine est celle de Bayle. La paralysie générale, d'après cet auteur, serait caractérisée par deux ordres de symptômes essentiels : les lésions de l'intelligence (folie et démence) et les lésions du mouvement (paralysie générale incomplète). Là où ses devanciers avaient admis deux maladies différentes, Bayle n'a vu que deux ordres de symptômes concourant au même degré à caractériser une seule et même unité morbide qu'il a désignée sous les dénominations de *méningite chronique* ou de *monomanie ambitieuse avec paralysie*. — La maladie qu'Esquirol rangeait dans la classe des

(1) Baillarger, *Études sur la paralysie générale*. Paris, 1870.

paralysies forme pour Bayle un nouveau genre de *folie*.

2° La démence simple, symptomatique des diverses affections organiques du cerveau, celle que Parchappe appelle *imbécillité*, s'observe constamment chez les malades atteints de paralysie générale quand cette maladie parcourt toutes ses périodes, et l'on n'a pas publié une seule observation dans laquelle elle ait manqué. Elle ne constitue, dans cette affection comme dans toutes les autres, qu'un symptôme, et il est impossible de la considérer comme une maladie distincte. On ne peut donc admettre, avec Esquirol, que chez l'aliéné paralytique les signes de paralysie ne doivent pas être confondus avec les signes de démence, « pas plus que les signes du scorbut qui complique souvent cette maladie ne peuvent être pris pour elle ».

Les signes de paralysie et de démence réunis chez le même malade ne forment donc pas deux affections différentes, mais deux ordres de symptômes concourant au même degré à caractériser une seule et même entité morbide.

Il arrive quelquefois, au début de la paralysie générale, que les malades n'ont qu'un simple affaiblissement de l'intelligence dont ils ont conscience. Ils ne peuvent alors être encore assimilés aux aliénés. A mesure que les symptômes s'aggravent, cette conscience de leur état finit par disparaître, et les paralytiques tombent dans un véritable état de démence. La paralysie générale a donc toujours l'aliénation pour conséquence.

3° Quant à la doctrine de Bayle, qui tendrait à faire admettre trois ordres de symptômes essentiels appartenant à la folie, à la démence et à la paralysie, elle devient insoutenable devant ce fait que les signes de folie manquent dans un certain nombre de cas, lesquels sont alors uniquement caractérisés pendant toutes les périodes de la maladie par les symptômes de démence et de paralysie.

La paralysie générale n'est caractérisée ni par un seul ordre de symptômes essentiels, selon l'opinion d'Esquirol, ni par trois ordres, selon celle de Bayle.

Les symptômes essentiels de cette maladie, ceux sans lesquels elle n'existe jamais, sont de deux ordres : les uns sont constitués par les phénomènes de *paralysie* et les autres par les phénomènes de *démence*.

DES SYMPTÔMES ACCESSOIRES DE LA PARALYSIE GÉNÉRALE.

Ces symptômes, assez nombreux, sont loin d'avoir tous la même valeur. Il en est que je me bornerai à indiquer brièvement; mais j'étudierai avec quelques détails ceux qui me paraissent les plus importants, ce sont :

1° Pour les *lésions des facultés intellectuelles :* le délire des grandeurs et le délire hypochondriaque ;

L'importance du premier de ces symptômes est, désormais, reconnue par tout le monde; nous le rangeons parmi les symptômes accessoires, uniquement parce qu'il n'est pas constant.

Quant au délire hypochondriaque, son histoire ne fait que commencer, mais l'observation de chaque jour tend à démontrer qu'il sera bientôt considéré comme un signe pronostique grave dans certaines mélancolies.

2° Pour les *lésions des mouvements :* le besoin exagéré d'activité, l'hésitation de la parole, le tremblement des lèvres et de la langue, le tremblement des membres, l'inégalité et la contraction extrême des pupilles ;

3° Pour les *lésions de la sensibilité* : une anesthésie plus ou moins générale de la peau.

On doit signaler, comme phénomènes de moindre importance, le *grincement des dents*, le *mouvement de dégustation*, l'*exophthalmie*, la *roideur des membres*.

C'est surtout comme phénomènes précurseurs et lorsqu'on les observe dans les différentes formes de la folie, que les symptômes accessoires de la paralysie générale ont une véritable valeur.

Ils se présentent alors souvent associés à des signes légers et non continus de paralysie dus à un état congestif passager.

Ces symptômes accessoires, s'ils ne suffisent pas pour établir le diagnostic, suffisent au moins pour indiquer que le malade est menacé de démence paralytique.

En résumé, on voit que dans l'état actuel de la science il est des faits d'ordres différents et assez nombreux qu'il est difficile de classer, soit dans les folies simples, soit dans les folies paralytiques. Les observations dont il s'agit sont :

1° Des folies paralytiques terminées par la démence simple.

2° Des paralysies générales suivies de guérison.

3° Des paralysies générales suivies de mort, avant que les symptômes aient été suffisamment caractérisés ; cas dans lesquels l'autopsie n'offre que des lésions insuffisantes pour lever les doutes.

4° Des folies alcooliques avec prédominance du délire des grandeurs et quelques signes légers de paralysie, lesquelles tantôt guérissent, tantôt sont suivies de démence paralytique sans qu'on puisse distinguer de prime abord les cas de ce genre qui devraient être considérés comme des folies simples de ceux qu'on devrait regarder comme la première période de la démence paralytique.

5° Des folies à double forme dont la période maniaque offre les symptômes de la première période de la démence paralytique.

6° Enfin, des folies ambitieuses qui persistent une ou plusieurs années sans aucun signe de paralysie, et dont le diagnostic, pendant toute cette première période, était difficile à préciser.

La congestion cérébrale est la cause prochaine de la paralysie générale progressive.

Cette congestion continue à être la lésion principale pendant les premières phases de la maladie.

On s'est trop peu préoccupé de la durée possible de cette période *congestive*, que l'on considère à tort, en général, comme ne s'étendant pas au delà de quelques semaines. Des faits de plus en plus fréquents tendent, au contraire, à démontrer qu'elle peut se prolonger plusieurs mois, une année, et même plus.

Cette question de la durée de la période congestive est cependant d'une extrême importance, puisque c'est alors seulement que la maladie offre encore des chances de guérison.

On a décrit plusieurs formes très-différentes de la période congestive : une forme maniaque, une forme mélancolique, une forme monomaniaque ; la période de *désorganisation*, au contraire, se présente toujours, à part les complications, avec les mêmes symptômes de démence et de paralysie. Quand on observe ces symptômes dès le début, la période de désorganisation constitue une quatrième forme de paralysie générale, celle qu'on a appelée forme *démente*, forme *débile*, forme *simple*.

Il est des cas assez nombreux où les malades succombent après avoir présenté des symptômes qui, pour les uns, constituent simplement une *menace* de paralysie générale, et, pour les autres, suffisent pour caractériser déjà cette maladie.

Les folies d'origine alcoolique, quand elles sont accompagnées du délire des grandeurs et de quelques signes légers de paralysie, exposent aux erreurs les plus graves. Il y a des malades qui guérissent, d'autres, au contraire, tombent dans la démence paralytique. Parmi ces faits, il y en aurait donc qu'il faudrait laisser dans les folies simples. Malheureusement rien de plus difficile alors que d'établir le pronostic.

Délire ambitieux;

Commencement de bredouillement;

Affaiblissement intellectuel évident;

Impuissance musculaire générale.

Tout cela réuni chez le même malade ne suffit pas pour le diagnostic; l'existence de la maladie est seulement *probable*. Mais qu'on le remarque bien, M. Calmeil parle de la manifestation *rapide* de tous ces symptômes qui, en effet, peuvent très-bien ne tenir qu'à un état congestif passager et encore curable.

Au contraire, la paralysie générale, d'après le même auteur, est *certaine* quand tous les symptômes ont augmenté d'une manière progressive.

Hoffmann avait bien raison de dire « qu'il mourait plus » d'hommes par l'esprit que par le corps ».

De quelque côté que l'observateur dirige ses regards, il trouve en effet une vie artificielle créée par les passions et contraire à la nature.

Si nous n'y prenons garde, dans l'ordre moral comme dans l'ordre physique, la race actuelle arrivera vite à la caducité.

Les congestions, les embolies ou obstacles dans les vaisseaux, les apoplexies, les anévrysmes, les répercussions de la

goutte, les paralysies, la folie, etc.; la série des névroses: hystérie, épilepsie, ataxie locomotrice, etc., sont plus fréquentes qu'elles ne l'ont jamais été.

Si la nature nous a fait pour vivre en santé, la méditation
est un état contre nature, et l'homme qui s'ensevelit dans ses
réflexions devient un animal dépravé. Sans aller aussi loin que
Jean-Jacques Rousseau, il est permis de dire que l'homme en
surmenant sa pensée n'économise pas assez cette force vitale
dont parle Roger Bacon, et qu'une tension nerveuse continuelle, concentrée dans une partie du corps, finit par l'atteindre
dans sa sphère végétative.

Non accepimus brevem vitam, sed facimus.

(SÉNÈQUE.)

L'homme est la résultante de ses aïeux, de sa nourrice, de
ses vêtements, de ses habitudes, de son régime, des conditions
spéciales de sa race, de ses passions, du sol qu'il habite et du
milieu physique ou moral où s'exerce sa vie.

La force ou la faiblesse du rejeton dérive immédiatement de
la force ou de la faiblesse de l'ascendant. L'hérédité, de même
que la transmission du type, règne sur le monde organisé. Or
si les secousses nerveuses résultant du plaisir ou de la douleur
conduisent fatalement à une sorte de chlorose cérébrale ayant,
dans l'ordre nerveux, la même origine que dans l'ordre musculaire, ici par manque de phosphore, là par défaut de fer, la
procréation devient un crime; car, à bref délai, la race est
condamnée à l'idiotie, héritage aussi certain dans l'ordre
moral que les scrofules, le cancer ou la phthisie dans l'ordre
physique.

Cette transmission du nervosisme est rendue plus fatale encore par l'abus des excitants.

L'homme qui pense a recours au café, au thé, comme l'homme qui travaille a recours à l'eau-de-vie, tous deux pour cause d'excès de travail et d'insuffisance de nourriture appropriée. Tous deux dévorent le capital de leurs tissus jusqu'à la banqueroute de leurs corps.

L'Europe suit la voie de l'Orient : elle aboutira au même énervement.

Le tabac, herbe sale et puante, selon l'expression des Whahâbites, prend à la santé publique tout ce que, par son usage, y gagne le budget des États (1). Cette solanée vireuse est pour l'Occident ce qu'est l'opium pour le Chinois, le haschich pour le Persan, le bang pour le Malais, l'agaric rouge pour les Samoïèdes, c'est-à-dire le poison de l'intelligence et la ruine des centres nerveux. Il produit le rêve, l'illusion, et consume rapidement le cerveau au détriment de la réalité : la vie.

Croit-on que toutes ces causes réunies contribuent à fortifier la race, à prolonger la vie, à conserver l'intégrité de la substance nerveuse?

Une fois le travail de désorganisation commencé, dans un délai plus ou moins long, d'une manière plus ou moins appréciable, plus ou moins insidieuse, l'évolution graduelle des maladies du cerveau, accompagnées des troubles de l'intelligence, du mouvement, de la sensibilité, suit une marche inflexible et s'accentue à mesure que la substance de l'organe est plus profondément modifiée. La fonction des centres nerveux meurt lentement en même temps que les organes eux-mêmes.

Les désordres, d'abord faibles, passagers, deviennent de

(1) En 1792, le tabac rapportait 25 millions au fisc français; en 1870, il produit 240 millions de francs.

plus en plus accusés. Aux fourmillements, aux soubresauts musculaires, aux sensations de froid dans les membres, aux légers embarras de la langue et dans la prononciation, succèdent les douleurs de tête, les vertiges, les hallucinations, l'insomnie, le bredouillement, puis la somnolence ou les convulsions, le tremblement, les crampes, enfin la paralysie, le coma, le hoquet et la mort.

Les facultés intellectuelles et les sens suivent, de leur côté, le même degré d'abaissement : la mémoire, la vue, l'ouïe, etc., se perdent par degré, jusqu'à l'imbécillité.

Une indication principale domine toute la thérapeutique des maladies du cerveau : l'intégrité de la substance de l'organe ; il n'y a pas de pensée, de sensation ou de mouvement sans opération chimique, sans que le nerf ou le muscle devienne acide, par conséquent sans altération de substance des tissus, *sans ramollissement;* plus ces réactions sont fréquentes, plus la perte est grande, et plus la réparation qualitative et quantitative par le sang devient nécessaire.

L'analyse chimique, l'observation, l'anatomie comparée, l'anatomie pathologique, sont d'accord sur ce point : que la quantité de phosphore brûlée dans le cerveau et éliminée par les reins est proportionnelle au travail accompli. Or la nourriture ordinaire ne contient pas toujours l'équivalent phosphoré de cette combustion cérébrale; de là, aphosphémie cérébrale et nécessité de pourvoir à la souffrance organique en surexcitant les éléments cellulaires affaiblis du cerveau par le café, le thé, le tabac, etc., et de masquer plus ou moins longtemps le délabrement de la fonction jusqu'à ce que cerveau, fonction et vie s'écroulent à la fois.

Donc sans alimentation appropriée qui régénère lentement, pas de phosphore; sans phosphore dans le cerveau, pas de reconstitution organique ; sans reconstitution, pas de pensée, pas de guérison.

Si la désorganisation s'opère graduellement, la thérapeutique doit employer une médication agissant lentement aussi. Le phosphore à l'état minéral, ou sous forme de combinaison non assimilable, exerce une action trop énergique dans un temps donné, il ne reconstitue pas les tissus, et les guérisons absolues par son emploi sont rares. Il peut modifier la maladie, mais il la guérit rarement.

L'alimentation appropriée, au contraire, restitue graduellement ce que l'excès de travail a graduellement détruit ; on ne refait pas plus en quelques jours les cellules ou les fibres nerveuses, à l'aide du phosphore minéral, qu'on ne refait un muscle épuisé en doublant brusquement la proportion de chair de bœuf dans le régime, ou les globules du sang, en donnant beaucoup de fer à la fois. C'est une question de temps.

Quand la quantité de fer diminue dans la chloro-anémie, il faut arriver, sans secousse, à rendre ce métal au sang. L'observation attentive indique lorsque l'équilibre est rétabli.

De même dans l'aphosphémie cérébrale, le milligramme quotidien de phosphore minéral ne restaurera pas le cerveau. Il faut demander la guérison à l'usage des substances phosphorées alibiles prises en larges proportions, et dont l'excédant suit les voies ordinaires d'élimination en subissant les transformations diverses de la nutrition.

CHAPITRE VI

> « Dis-moi ce que tu manges,
> » je te dirai ce que tu es. »

L'agriculture, tant qu'elle s'occupe des premiers besoins de l'homme, de sa nourriture, n'a pas de plus grande tâche à remplir que de préparer l'albumine en combinaison avec le phosphore, le soufre ou le fer, et d'amasser des combinaisons d'acides phosphorique et sulfurique avec la potasse, la chaux et la magnésie.

« Les herbivores vivent de la même nourriture que les carnivores, les uns et les autres consomment de l'albumine; les premiers, de l'albumine des végétaux; les seconds de celle des animaux, mais l'albumine est la même pour les uns et pour les autres. » (Mulder in natum en Scheikunding archief intgegeven door Mulder en Wenckebach, p. 138. Leyd, 1338).

La loi de Mulder, que les plantes préparent l'albumine, et celle de Liebig, que les animaux fabriquent de la graisse, sont deux conquêtes scientifiques.

La préparation de la graisse dans le corps de l'animal fait le pendant à la combustion dans le corps végétal. Cette fabrication de la graisse tient tout à fait à une perte d'oxygène. (Moleschott.)

C'est par la production de la graisse que le caractère le plus important de l'échange de la matière tel qu'il se fait dans les végétaux apparaît dans la vie animale. Et, quand la fabrication de la graisse devient prépondérante dans le corps de l'homme ou de l'animal, elle l'abaisse au rang de la plante. Parmi les enfants, ceux qui depuis leur naissance sont atteints d'obésité, ont, en règle générale, l'intelligence imparfaitement développée.

Végéter signifie combiner des corps simples en des corps susceptibles d'organisation. Ce résultat s'obtient par une réduction d'oxygène. La fabrication de la graisse est le dernier terme de la série.

Manifester la sensibilité, le mouvement, la pensée à tous les degrés, en brûlant des combinaisons organiques : cela veut dire être animal.

Nous pensons parce que la plante végète (Moleschott).

Après que l'ammoniaque et l'acide carbonique ont été transformés en albumine, le bétail qui paît dans les pâturages la rassemble et lui donne la forme la plus convenable pour la nourriture de l'homme. Dans l'agriculture comme dans l'élève des bestiaux, le but principal est la production de l'albumine, de graisse et de sels.

Le même acide carbonique, le même azote que les plantes tirent de l'air, de l'acide humique et de l'ammoniaque, deviennent successivement herbe, trèfle, froment, animal et homme, pour redevenir enfin de l'acide carbonique, de l'eau, de l'acide humique et de l'ammoniaque.

C'est en cela que consiste le miracle naturel de la circulation de la matière.

De la nourriture provient le sang, du sang proviennent les

(1) Chambert, *Edinburgh medical and surgical Journal*, CLXXXIX, 462.

tissus, les muscles, les os, les cartilages, le cerveau et les nerfs, bref, toutes les parties solides du corps.

Le développement de la nourriture est donc la sanguification. Le sang se compose d'albumine et de sucre, de graisse et de sels, mais le sucre est un corps qui peut se transformer en graisse, un *adipogène*.

La classification des substances alimentaires se présente d'elle-même. Elles se partagent en corps albuminoïdes, en adipogènes, en graisse et en sels.

Un aliment complet se compose d'albumine, de sucre, de graisse et de sels.

Toutes ces substances ont la valeur de substances plastiques du corps, de substances nutritives. L'albumine se combine dans le sang avec l'oxygène aussi bien que le sucre et la graisse. Si la respiration n'existait que pour elle-même, ces trois substances auraient un titre égal au nom d'aliments respiratoires.

Ajoutons que l'oxygène que nous respirons est lui-même, pour ainsi dire, une substance nutritive; en se combinant avec les principes alimentaires absorbés par l'intestin, il achève la sanguification et le développement des tissus.

Le sang et les tissus sont les degrés les plus parfaits auxquels s'élève l'aliment uni à l'oxygène. Ils résultent de l'action combinée de la digestion et de la respiration.

Pour rendre plus claire cette vue d'ensemble, on ne compare les aliments qu'avec le sang et non avec les tissus. En effet, le sang est le liquide qui donne naissance à toutes les parties solides du corps. (Moleschott.)

Dissoudre les matières alimentaires ou les rendre mobiles par une extrême division, et, dans le cas où elles ne seraient pas conformes aux substances contenues dans le sang, les métamorphoser en parties constitutives du sang, voilà tout l'acte de la digestion.

Quand nous mangeons des pommes de terre ou du pain, nous introduisons de la fécule de pomme de terre dans notre estomac ou ̗de l'amidon, substance insoluble dans l'eau, et qu'on ne trouve pas dans le sang. La salive et le suc pancréatique transforment l'amidon insoluble en sucre soluble. La bile, le suc pancréatique et les sécrétions intestinales changent le sucre en graisse. On trouve dans le sang du sucre et de la graisse. La digestion a transformé l'amidon en substances solubles du sang.

« Le fait de la transformation des matières peut seul nous faire comprendre comment le lait suffit à l'alimentation de l'enfant à la mamelle. En effet, cet aliment ne contient qu'un seul corps albuminoïde, la caséine, qui, il faut le dire, ne vient dans le sang qu'après l'albumine et la fibrine, sous le rapport de la quantité. L'albumine et la fibrine diffèrent de la caséine. La digestion change la caséine en albumine, et la respiration change l'albumine en fibrine. En même temps la caséine absorbe le phosphore du protagon, qu'elle ne contenait pas dans le principe. Par l'absorption de phosphore, elle se transforme en albumine; par l'absorption d'oxygène, elle se transforme en fibrine du sang. »

« Nous voyons que le sang abandonne constamment ses propres parties constitutives aux organes du corps en qualité d'éléments histogènes. L'activité des tissus décompose ces éléments en acide carbonique, en urée et en eau. Enfin les matières excrémentitielles traversent constamment le courant de la circulation pour gagner les poumons, les reins, la peau et le rectum, d'où elles sont rejetées hors du corps. Il est donc nécessaire que les tissus et le sang subissent par la marche régulière de la vie une déperdition de substance, qui ne trouve de compensation que dans le dédommagement fourni par les aliments (1). »

RAPIDITÉ DES PERTES DE L'ORGANISME.

Cet échange de matières s'opère avec une rapidité remarquable. La durée moyenne de la vie des hommes qui succombent à l'inanition va jusqu'à deux semaines. Mais au moment où un vertébré, quel qu'il soit, meurt d'inanition, son corps a perdu les quatre dixièmes de son poids primitif. Supposons que cette perte de poids pût se prolonger sans donner lieu à la mort par inanition, au bout de trente-cinq jours un homme aurait consommé la totalité de son corps. En effet, si l'on prend deux fois et demie les quatre dixièmes qui sont dépensés, on obtient l'unité, c'est-à-dire le corps entier. La mort arrive après quatorze jours ; si l'on prend quatorze deux fois et demie, on obtient trente-cinq. Si nous remplaçons les pertes par des aliments, le corps d'un adulte se maintient dans son poids primitif. Chez les individus qui font un usage convenable d'aliments et de boissons, l'échange des matières s'opère plus vite que chez les êtres épuisés par l'abstinence. Ces faits justifient donc tout à fait la supposition que le corps renouvelle la plus grande partie de sa substance dans un laps de temps de vingt à trente jours.

Barral rapporte qu'en été il perdait en vingt-quatre heures à peu près le quatorzième, et en hiver même le douzième du poids de son corps. Chez divers individus, la grandeur de la perte journalière peut cependant subir de grandes variations.

(1) Moleschott, *Circulation de la vie*, trad. E. Cazelles, p. 93, 94, 109, 110, 169.

Le colonel Laun (de Sarrelouis) a fait sur lui-même plusieurs pesées en s'imposant un régime régulier. Il en a pris les moyennes, et a trouvé une perte moyenne d'un vingt-deuxième de son poids en vingt-quatre heures (1).

La nourriture qu'on absorbe et l'oxygène qu'on inspire couvrent cette perte. Le sang, en effet, ne provient pas seulement des substances alimentaires, mais à la fois de la nourriture et de l'oxygène. Cela est encore plus vrai des tissus. La condition de la genèse des tissus, c'est la respiration.

Supposons que le corps perdît chaque jour en hiver un nouveau douzième, en été un nouveau quatorzième de son poids, le corps tout entier serait renouvelé en douze ou quatorze jours. D'après les résultats de Laun, il faudrait dire vingt-deux jours.

Liebig déduit cette rapidité de l'échange des matières d'une autre considération. On ne se trompe guère en attribuant à un homme fait une quantité moyenne de vingt-quatre livres de sang. L'oxygène que nous absorbons en quatre ou cinq jours par la respiration suffit à transformer par la combustion tout le carbone et l'hydrogène de ces vingt-quatre livres de sang en acide carbonique et en eau (2). Mais le sang s'élève environ au cinquième du poids du corps d'un adulte. Si donc cinq jours suffisent à dépenser le sang par l'échange des matières, il faut que le corps entier se transforme en cinq fois cinq ou vingt-cinq jours. Des corpuscules colorés du mouton, qu'on injecte en grande quantité dans la circulation des grenouilles, en ont complétement disparu après dix-sept jours (3). Or,

---

(1) Laun, *Untersuchungen zur Naturlehre des Menschen und der Thiere*, Herausgegeben von Jac. Moleschott, II, 278 et seq.

(2) Liebig, *Chemische briefe*, p. 389 et 390.

(3) Marfels et Moleschott, *Sur la durée des globules du sang (Untersuchungen zur Naturlehre des Menschen und der Thiere*, Herausg. von Moleschott, I, 51).

puisque l'échange matériel s'opère chez les grenouilles avec plus de lenteur que chez les animaux à sang chaud, il faut admettre que les globules colorés du sang de l'homme se renouvellent complétement en moins de dix-sept jours.

La concordance des résultats qu'on obtient en partant de trois points de vue différents est une garantie positive de la vérité de l'hypothèse, d'après laquelle il faut trente jours pour donner au corps entier une composition nouvelle. Les sept ans que la croyance du peuple fixait pour la durée de ce laps de temps sont donc une exagération colossale, et si Jean-Paul avait voulu accommoder sa plaisanterie à la science actuelle, il aurait pu réduire à un mois le temps après lequel l'homme et la femme doivent vivre l'un avec l'autre en adultère, puisqu'ils ne sont plus les mêmes, quant à la matière. (Moleschott.)

Quelque surprenante que puisse paraître au premier coup d'œil cette rapidité, les observations s'accordent sur tous les points. D'après Stahl, les alouettes perdent en un jour la graisse qui s'est développée pendant la nuit dans leur corps (1). Le développement des cellules s'opère dans le sang en sept ou huit heures aux dépens des matières fournies par le chyle. Qui ne sait du reste qu'il suffit de peu de jours pour rendre un homme presque méconnaissable par l'amaigrissement?

La rapidité de l'échange des matières que toutes ces observations démontrent, est ce qu'il y a de plus propre à diminuer l'étonnement que nous éprouvons en présence des résultats des recherches célèbres de Bidder et Schmidt; elles nous apprennent qu'un adulte pesant 128 livres sécrète en vingt-quatre heures près de 3 livres de salive, au moins 2 livres et demie de bile et plus de 28 livres de suc gastrique (2); de sorte

_____

(1) Lehmann, *Lehrbuch der physiologischen Chemie*, 1842, 267.

(2) Bidder et Schmidt, *Die Verdauungssäfte und der Stoffwechsel*, Mitau und

qu'un fumeur affecté de la mauvaise habitude de cracher, peut cracher en une demi-journée la quatre-vingt-cinquième partie de son poids. Dans le cours de vingt-quatre heures, il coule dans notre corps près du quart de notre poids de suc gastrique, circulant du sang à l'estomac et de l'estomac au sang.

Chaque individu, chaque être organisé, échange la matière avec une vitesse différente. L'homme, la femme, l'enfant et le vieillard manifestent chacun à leur degré la propriété dont l'homme jouit, d'échanger plus de matières que la femme, l'adulte plus que le vieillard et l'enfant. L'ouvrier et le penseur changent la composition de leur corps dans un temps plus court que les gens oisifs et les viveurs. Il y a des hommes qui vivent vite ; chez eux l'espérance, la passion et l'abattement craintif qui se transforment rapidement en confiance joyeuse, mettent vivement le sang en mouvement. Ils vivent vite parce que l'échange des matières s'exécute vite dans leur corps.

« L'absorption des aliments a pour antithèse celle de l'oxygène, mais il ne faut pas voir dans cette proposition l'oxygène réclamant une partie des aliments à titre d'aliments respiratoires, tandis qu'une autre partie servirait à la formation des tissus. La nourriture qui forme les tissus et qui par la suite, sous l'action de l'oxygène inspiré, se décompose peu à peu en matières excrémentitielles, est toujours la même matière à différents degrés de développement. Par la digestion, les substances alimentaires se changent en éléments du sang, par l'action de l'oxygène les corps du sang deviennent des éléments histogènes, et ce n'est que l'action progressive de l'oxygène

Leipzig, 1852, 13, 216. — C. Schmidt, *Annalen der Chemie und Pharmacie*, XCII, 42.

qui produit la désassimilation au sein des tissus. L'essence de cette désassimilation est la combustion lente de la graisse et de l'albumine, des substances réductibles en colle et du tissu élastique. Les termes ultimes de la combustion sont l'acide carbonique, l'eau, l'urée et l'ammoniaque.

» Tant que l'équilibre existe entre la sanguification et l'élimination, le corps ne souffre aucune altération dans sa provision générale de matière. Cet équilibre se maintient dans l'échange de matières de l'adulte. On peut peser le corps d'un homme de trente à quarante ans, bien des jours l'un après l'autre, sans constater une augmentation ou une diminution de poids qu'on ne puisse expliquer par une recette ou une dépense, qui l'aurait immédiatement précédée. Réparti sur plusieurs jours, un pareil changement de poids est complétement compensé.

» Chez le vieillard l'équilibre est détruit. La digestion n'est plus aussi puissante que chez l'homme à la fleur de l'âge. L'absorption des aliments et des boissons se règle très-vite sur la digestion. L'action de l'oxygène et la désassimilation des tissus qui en est l'effet ne discontinuent pas. Il en résulte immédiatement une diminution du suc nourricier qu'on peut reconnaître non-seulement par la pesée, mais aussi par l'inspection directe. Des parties qui comme le globe de l'œil contiennent beaucoup de liquide sont moins remplies, moins tendues dans un âge avancé ; la cornée s'aplatit, ce qui est cause que la myopie diminue d'année en année, et même peut se convertir en l'infirmité opposée. Les os des vieillards ont perdu une partie de leur élasticité, parce qu'ils sont moins riches en eau que ceux des adultes (1). »

Les parties constitutives inorganiques en somme aban-

____

(1) Fremy, *Comptes rendus*, XXXIX, p. 1055.

donnent le corps moins vite que la totalité de l'albumine et de la graisse. Aussi les sels et surtout les sels terreux s'accumulent-ils relativement dans les tissus. Les os deviennent plus riches en chaux et cassants, les parois des vaisseaux et leurs valvules s'encroûtent de craie.

INANITION.

Dès que la recomposition ne fait plus équilibre à la désassimilation, le dépérissement des tissus s'ensuit inévitablement. La mâchoire inférieure diminue de volume, ce que trahit le menton pointu des vieilles gens. La graisse sous-cutanée subit une déperdition considérable, de sorte que sur le front et les mains la peau devenue trop large se ride. Les muscles amincis manquent de contractilité, ils ne peuvent plus redresser l'épine dorsale, et laissent tomber la tête en avant. Aussi admirons-nous comme une chose rare l'allure assurée et droite des vieillards vigoureux. Les cordes vocales deviennent plus sèches, elles perdent de leur flexibilité et de leur élasticité. La voix devient rauque et sourde ou aigre et criarde. A partir de la cinquantième année, le poids du cerveau diminue (1).

Il résulte des recherches de Boecker que, pendant le sommeil, quand on compare cet état avec celui de veille, toutes les autres conditions étant les mêmes, les sécrétions augmentent et la production du cerveau s'accroît (2). Chez l'enfant à la mamelle, qui dort plus qu'il ne veille, le développement des tissus est en somme favorisé. L'enfant quand il veille ne se trouve pas dans les mêmes conditions que quand il

(1) Peacock, *Archives générales de médecine*, 4e série, XXVII, 212, 213.
(2) Boecker, *Sur le sommeil (Archiv für Wissenschaftliche Heilkunde von Beneke, Nasse, Vogel*, II, 105).

dort, il se démène avec vivacité, joue, pousse des cris de joie, et ce n'est que parce qu'il dort souvent, que l'acide carbonique qu'il exhale se trouve diminué. Le sommeil n'a donc pas seulement une utilité indirecte, en ce qu'il diminue les pertes, mais il en a une directe parce qu'il active le développement. Au contraire, chez le vieillard souvent tourmenté d'insomnie, la recomposition doit souffrir, et comme il faut admettre encore, malgré le travail de Boecker, qu'une nuit passée tranquillement dans le sommeil est suivie d'une perte de poids moindre qu'une autre passée dans l'agitation et la veille, tout doit contribuer chez le vieillard à accroître le défaut de proportion entre la sanguification et la désassimilation. Avec la matière la force diminue. La fin s'approche doucement. La mort est un épuisement qui résulte de l'appauvrissement matériel (1). »

On doit à Chossat des recherches curieuses sur les pertes de poids que la diète ou une alimentation insuffisante font éprouver à l'homme, considéré dans son ensemble ou dans ses principaux appareils (2).

Dans l'*inanition*, l'économie puise en elle-même la somme totale des produits dont elle a besoin pour réparer ses pertes; dans l'*alimentation insuffisante*, le corps se détruit chaque jour d'une quantité de matière animale égale au déficit des substances assimilables, et suivant que le déficit journalier est plus ou moins considérable, le poids du corps diminue plus ou moins; mais, dans les deux cas, la mort arrive lorsque l'animal a perdu environ les 4/10es de son poids initial. Deux circonstances peuvent modifier ce chiffre : l'*embonpoint* et l'*âge*. Si l'individu est très-replet, il pourra perdre les 0,5 avant de

____

(1) Moleschott. *ouvr. cité*, p. 170 et suiv.
(2) *Recherches expérimentales sur l'inanition*, 1843.

mourir, la graisse fournissant d'abondants matériaux à la résorption. Si c'est un jeune animal, il succombera dès qu'il aura perdu les 0,2 de son poids, et il les perdra très-rapidement.

Peu d'observations contredisent cette règle générale.

Guillaume Granié, mort dans les prisons de Toulouse après soixante-trois jours d'abstinence, ne pesait plus que 26 kilogr. au moment de sa mort (1).

Un *amaurotique*, resté pendant quarante-sept jours au régime de l'eau pure, fut réduit de 65 kilogr. à 48 kilogr. 5 (2).

Il existe *deux maxima de perte :* l'un, au début, parce que le corps expulse à ce moment le résidu des aliments suffisants, ingérés la veille ; l'autre, vers la fin de la vie, parce qu'il survient ordinairement alors une diarrhée analogue à celle des affections colliquatives. La perte est à peu près nulle pendant les deux ou trois heures qui précèdent la mort (3).

Les *différentes parties du corps* ne contribuent pas, dans une égale proportion, à la diminution totale que subit le poids du corps, et voici les chiffres produits par Chossat, chiffres calculés d'après la perte totale moyenne de 0,4.

Graisse	0,933		Estomac	0,397
Sang	0,750		Pharynx, œsophage	0,340
Rate	0,714		Peau	0,333
Pancréas	0,641		Reins	0,319
Foie	0,520		Appareil respiratoire	0,222
Cœur	0,448		Système osseux	0,167
Intestins	0,424		Yeux	0,100
Muscles locomotifs	0,423		Système nerveux	0,019

Un résultat très-curieux des expériences de Chossat, c'est de voir le système nerveux conserver presque intégralement son poids.

(1) Desbarreaux-Bernard, *Notice historique sur Guillaume Granié*, 1831.
(2) *Bibliothèque médicale*, t. DVIII.
(3) Bauby, *L'alimentation insuffisante*. Paris, 1871.

En résumé, « l'*inanitiation* est la *cause de mort* qui marche de front et en silence avec toute maladie dans laquelle l'alimentation n'est pas à l'état normal. Elle arrive à son terme naturel quelquefois plus tôt et quelquefois plus tard que la maladie qu'elle accompagne sourdement, et peut devenir ainsi maladie principale, là où elle n'a d'abord été qu'épiphénomène. On le reconnaîtra, dès qu'on le voudra, au degré de destruction des chairs musculaires, et l'on pourra, à chaque instant, mesurer son importance actuelle par le poids relatif du corps.

» Bichat et les physiologistes qui se sont occupés du même sujet avant et après lui, ont jeté le grand jour sur les causes de la mort en les classant d'après les fonctions qui servent à l'introduire. En divisant la mort en mort par le cerveau, par le poumon et par le cœur, ils parcouraient la série des trois fonctions vitales et semblaient ainsi avoir épuisé la question.

» Et cependant, quand on arrive aux faits, il est positif qu'on n'explique par là qu'un petit nombre de cas de mort, et que la grande majorité de ceux soumis à notre observation échappe à cette classification, même dans les cas qui sembleraient le mieux se prêter à cette division; dans la phthisie pulmonaire, par exemple, qui pourrait dire qu'en général la mort arrive par asphyxie, puisque le poumon, le jour de la mort, n'est ordinairement pas plus lésé qu'il ne l'était la veille, et que, la veille, il suffisait à l'oxygénation du sang?

» C'est que la *classification de Bichat n'explique pas tout*, et qu'aux trois modes qu'il indique il faut au moins en ajouter un quatrième (1), la mort par l'appareil digestif ou l'inanitiation. Et, en effet, que l'on veuille bien y réfléchir, puisque

____

(1) Le moment où les malades doivent prendre une nourriture réparatrice sous peine d'ajouter l'inanition à la maladie principale, est la plus délicate et la plus importante question que le médecin puisse se poser au lit du malade.   (Dr T.-D.)

l'alimentation insuffisante a, sauf pour la durée, identiquement les mêmes effets d'inanitiation que l'abstinence absolue, il est clair que, dès que l'alimentation devient, je ne dirai pas suspendue, mais diminuée, la question d'inanitiation se soulève, et que l'inanition complète n'est plus qu'une affaire de temps (1). » (Chossat.)

ÉQUIVALENTS NUTRITIFS.

Dès aujourd'hui, au point de vue de l'alimentation générale, l'hygiène, grâce au développement de la chimie physiologique, est parvenue à modifier heureusement la répartition des éléments d'assimilation qui correspondent à la dénutrition.

Les expériences les plus précises ont établi le rapport entre la quantité d'oxygène consommé par l'homme aux divers âges, de divers poids, à jeun, en travail, ou au repos.

On a pu proportionner sa nourriture maximum à l'introduction maximum de l'oxygène dans ses poumons et ses capillaires généraux, et la varier selon les exigences du travail à accomplir.

Nous connaissons également l'influence exercée sur la nutrition par la pression extérieure, la chaleur, l'état hygrométrique, l'état ozoné du milieu (2).

Il s'agit maintenant d'établir une juste compensation, c'est-à-dire de calculer la quantité de nourriture nécessaire pour subvenir à ces dépenses, et par conséquent maintenir le corps dans le même état de santé et d'embonpoint.

---

(1) *Recherches sur l'inanition*, 1843.

(2) L'action de la lumière est considérable aussi bien sur les animaux que sur les végétaux; la lumière violette surtout, paraît exercer une influence sédative sur les premiers et active sur les seconds.

Pour y parvenir, il suffit de chercher quelle quantité de carbone et d'azote renferme un poids donné de substance alimentaire, et quelle quantité de cette substance il faudra ingérer pour fournir les 20 grammes d'azote et les 260 grammes de carbone réglementaire. Un régime mixte est nécessaire pour entretenir la santé, et même une nourriture variée, — ce qui n'est pas la même chose, — est utile pour stimuler l'appétit.

En connaissant la proportion d'azote et de carbone contenus dans un même poids des principaux aliments, il sera aisé de combiner diverses quantités de plusieurs pour arriver à faire le poids voulu des matières azotées et hydrocarbonées, en un mot pour constituer une ration alimentaire.

TABLEAU *des quantités d'azote, de carbone, de matière grasse et d'eau dans 100 parties de différentes substances alimentaires.*

	AZOTE (1).	CARBONE.	GRAISSE.	EAU.
Viandes et produits des animaux de boucherie.				
Viande de bœuf (sans os) (2).......	3,0	11,0	2,0 (3)	78,0
Bœuf rôti.....................	3,528	17,76	5,19	69,89
Cœur de bœuf.................	2,831	16,16	6,155	74,674
Foie de veau..................	3,093	15,68	5,580	72,33
Foie gras (d'oie)...	2,115	65,58	54,570	22,70
Poumon de veau.	3,458	14,50	2,540	73,52
Rognons de mouton.............	2,655	12,15	2,125	78,20
Poissons de mer.				
Raie (4).	3,85	12,25	0,47	75,49
Anguille de mer (congre)........	3,95	12,60	5,02	79,91
Morue salée	5,02	16,0	0,38	47,02
Sardines (à l'huile, en boîte).......	6,0	29,0	9,36	46,04
Harengs salés.................	3,11	23,0	12,72	49,0
Harengs frais.	1,83	21,0	10,03	70,0

(1) Les nombres de cette colonne, multipliés par 6,5, donnent le poids de la substance azotée.
(2) Les os formant 1/5 du poids total, il faut compter **125** de viande avec les os pour **100** de viande désossée.
(3) La quantité de graisse varie de **2** à **20** pour **100**.
(4) La raie avait été débarrassée des arêtes, des intestins, de la tête; c'est donc la chair nette, comestible, dont la composition est indiquée ici; il en est de même pour les différents poissons suivants. Le carbone, en y comprenant son équivalent en hydrogène, a été calculé d'après la chair sèche et la matière grasse; ce n'est qu'une approximation.

	AZOTE.	CARBONE.	GRAISSE.	EAU.
Merlan	2,41	9,0	0,38	82,95
Maquereau	3,74	19,26	6,76	68,28
Sole	1,91	12,25	0,25	86,14
Limande	2,89	11,50	2,05	79,41
Saumon	2,09	16,0	4,85	75,70
Poissons des eaux douces.				
Brochet	3,25	11,50	0,60	77,53
Carpe	3,49	12,10	1,09	76,97
Barbillon	1,57	5,50	0,21	89,35
Gardon	2,329	19,0	13,25	67,03
Goujons	2,77	13,50	2,67	76,89
Anguille	2,0	30,05	23,86	62,07
Ablettes	2,79	17,0	8,03	72,89
Divers produits animaux.				
Nids d'hirondelles	8,87	28,0	traces.	5,0 (1)
Œufs de poule (blanc et jaune)	1,90	13,50	7,0	80,0
Lait de vache	0,66	8,0	3,70	86,50
Lait de chèvre	0,69	8,60	4,10	83,60
Caviar de Russie	4,49	27,41	6,26	37,50
Mollusques.				
Escargots cuits, substance charnue	2,50	9,28	0,952	76,170
Moules, substance charnue	1,884	9,0	2,42	75,74
Moules sèches de Siam (chair)	10,93	11,74	7,500	»
Huîtres fraîches (chair)	2,13	7,18	1,50	80,38
Eau des huîtres	0,086	0,045	»	95,75
Vignots (après ébullition dans l'eau de mer)	2,49	9,497	1,90	76,76
Crustacés.				
Homard (chair crue)	2,93	10,96	1,17	76,61
Homard (substance molle interne)	1,87	7,30	1,44	84,31
Homard (œufs de homard)	3,37	17,55	8,23	62,98
Fromages				
Fromage de Brie	2,93	35,0	22,73	45,25
— de Gruyère	5,0	38,0	24,0	40,0
— à la pie	2,376	24,43	9,429	68,76
— de Chester	4,126	41,04	25,73	35,92
— de Parmesan	6,997	40,0	15,95	27,56
— double crème	2,920	71,10	59,87	9,48
— de Roquefort	4,210	44,44	30,14	34,55
— de Hollande	4,80	43,54	27,54	36,10
— de Neufchâtel frais	1,27	50,71	40,71	36,58
— — fait	2,06	51,10	41,91	34,47
— de Camembert	3,0	33,05	21,05	51,94
Graines de légumineuses.				
Fèves	4,50	42,0	2,50	15,0
Fèves vertes séchées	4,46	46,0	2,0	8,4

(1) Cendres = 14.

	AZOTE.	CARBONE.	GRAISSE.	EAU.
Haricots.	3,92	43,0	2,80	9,9
Haricots flageolets séchés.	4,15	48,5	2,06	5,1
Lentilles.	3,87	43,0	2,60	11,5
Pois secs ordinaires.	3,66	44,0	2,10	8,3
Pois cassés séchés verts.	3,91	46,0	2,0	9,7
Céréales, farines, pain, tubercules.				
Blé dur du Midi.	3,0	41,0	2,10	12,0
Blé tendre.	1,81	39,0	1,75	14,0
Farine blanche de Paris.	1,64	38,5	1,80	15,0
Farine de seigle.	1,75	41,0	2,25	15,0
Orge d'hiver (escourgeon).	1,90	40,0	2,20	13,0
Maïs.	1,70	44,0	8,80	12,0
Sarrasin.	2,20	42,5	2,84	12,0
Riz.	1,8	41,0	0,80	13,0
Gruau d'avoine.	1,95	44,0	6,10	13,0
Couscous des Arabes.	3,0	42,0	2,0	12,0
Pain blanc de Paris.	1,08	29,50	1,20	35,0
Pain de munition ancien.	1,07	28,0	1,50	41,0
Pain de munition nouveau.	1,20	30,0	1,50	35,0
Pain de farine de blé dur.	2,20	31,0	1,70	37,0
Pommes de terre.	0,33	11,0	0,10	74,0
Batate blanche.	0,17	9,0	0,25	79.64
Batate rouge.	0,23	12,0	0,30	67,5
Igname batate de l'Algérie.	0,39	13,0	0,30	77,3
Carottes.	0,31	5,50	0,15	88,0
Champignons, truffes.				
Champignons de couche.	0,66	4,520	0,396	91,01
Morilles.	0,64	5,100	0,560	90,0
Truffes noires.	1,350	9,45	0,560	72,0
Truffes blanches.	1,532	9,10	0,412	72,340
Fruits sucrés et oléagineux.				
Châtaignes ordinaires.	0,64	35,0	4,10	26,0
Châtaignes sèches.	1,04	48,0	6,00	10,0
Groseilles à maquereau.	0,14	7,79	non dosée	83,0
Figues fraîches.	0,41	15,50	id.	66,0
Figues sèches.	0,92	34,0	id.	25,0
Pruneaux.	0,73	28,0	id.	26,0
Noix fraîches.	1,400	10,65	3,62	85,50
Amandes douces fraîches.	2,677	40,0	24,28	42,45
Amandes du pin pignon.	6,440	68,15	42,50	5,71
Café, thé, chocolat.				
Café (dans une infusion de 100 gr.).	1,10	9,0	0,50	975,0
Thé (infusion de 20 grammes).	0,2	2,1	0,04	995,0
Chocolat (pour 100 grammes).	1,52	58,0	26,0	8,0
Aliments gras.				
Lard.	1,18	71,14	71,0	20,0
Beurre ordinaire frais.	0,64	83,0	82,0	14,0
Huile d'olive.	traces.	98,0	96,0	2,0

	AZOTE.	CARBONE.	GRAISSE.	EAU.
Boissons alcooliques.				
Bière forte.........................	0,08	4,50	»	90,0
Alcool pur à 100° de l'alcoolomètre.	0,00	52,0	»	»
Eau-de-vie commune..............	0,00	27,0	»	49,0
Vin	0,015	4,0	»	90,0

« Le titre *équivalents nutritifs* placé en tête de cet article indique que l'on pourrait attribuer à cette dénomination le même sens que les chimistes donnent au terme *équivalent*; ce seraient donc les quantités pondérables de substance alimentaire susceptibles de se remplacer dans une ration mixte. Ainsi, par exemple, si l'on se reporte au tableau précédent, on voit que 100 grammes de limande sont sensiblement équivalents à 100 grammes de viande de bœuf sans os, et que 100 grammes d'amandes douces fraîches pourraient à peu près remplacer une même quantité de fromage de Brie. De même, on pourrait dire que 100 grammes de fromage parmesan représentent 250 grammes de cœur de bœuf et que 80 grammes de fromage double crème sont équivalents à 100 grammes de foie gras (1).

TABLE EN ÉQUIVALENTS DE LA VALEUR NUTRITIVE DES PLANTES,
LE FROMENT ÉTANT SUPPOSÉ A 100.

	Substances desséchées à 100 degrés.	A l'état frais.
Froment.....................	100	100
Seigle.......................	98	97
Maïs........................	115	113
Orge........................	104	102
Avoine......................	78	76
Riz.........................	220	225

(1) Cyr, *ouvrage cité*, p. 302 et suiv.

	Substances desséchées à 100 degrés.	A l'état frais.
Pois.	59	57
Haricots.	59	57
Fèves.	58	57
Lentilles.	55	53
Pommes de terre blanches	169	565
— bleues	220	596
Carottes.	158	959
Navets.	133	919
Oignons.	224	210

Ainsi pour remplacer 100 de froment, il faudrait 596 de pommes de terre bleues.

On a bien raison alors de dire que l'homme exclusivement nourri avec des pommes de terre n'est plus, au bout de quinze jours, en état de les gagner lui-même.

Rations d'entretien et de travail.

Pour déterminer les rations alimentaires il faut distinguer ce qu'il faut en moyenne à un homme pour réparer ses pertes journalières, puis ce qu'il faut ajouter pour le travail modéré auquel les gens les moins occupés sont assujettis ; enfin il faut évaluer les dépenses supplémentaires faites par un individu soumis à un travail actif (les ouvriers en général).

Nous avons établi pour la simple réparation des pertes journalières de l'organisme le chiffre, un peu élevé peut-être, de 18 à 20 grammes d'azote, et celui de 250 à 260 grammes pour le carbone. Mais ces chiffres eux-mêmes sont un peu vagues, attendu que le poids du corps étant assez variable d'un individu à un autre, cette moyenne peut se trouver trop abondante ou insuffisante. Il est préférable d'indiquer le poids de l'azote et du carbone à faire entrer dans l'alimentation pour 1 kilogramme de l'individu. On arrive alors aux chiffres de 0^g,3000 à 0^g,3266 d'azote correspondant à 1^{gr},9 ou 2^{gr},133 de substance azotée et de 4^{gr},03 de carbone.

Ceci étant posé, quelle sera la ration alimentaire suffisante à un homme pesant 60 kilogrammes, pour le maintenir dans ce poids?

La ration la plus simple pourrait se composer à la rigueur de 3 kilogrammes de lait, qui donneraient 19^{gr},8 d'azote et 240 à 250 grammes de carbone. Voudrait-on prendre le pain, par exemple? Il faudrait près de 2 kilogrammes de cet aliment pour fournir 18 à 20 grammes d'azote; mais on aurait en même temps près de 600 grammes de carbone, c'est-à-dire près du double de la quantité nécessaire. Si l'on choisit la viande comme aliment exclusif, 600 à 650 grammes suffiraient pour fournir la dose d'azote voulue; mais on n'aurait guère de la sorte que 70 grammes de carbone, et pour arriver au chiffre de 250, il faudrait 2^r,300 de viande, ce qui donnerait un excédant d'azote de près de 50 grammes.

Tout cela démontre bien, avec ce que nous avons déjà dit à propos du régime qualitatif, qu'il faut nécessairement associer plusieurs substances pour constituer une ration alimentaire d'après les règles de la physiologie. En voici une des plus simples qu'on puisse former :

		gr.	gr.		gr.
Viande de bœuf désossée...	400 =	azote	12,22 +	carbone	44
Pain blanc..............	500 =	»	5,40 +	»	150
Beurre frais.............	60 =	»	0,35 +	»	50
Total : aliments solides...	960 =	»	18,15 +	»	241

En ajoutant à cette ration 500 grammes de vin, on a enfin :

Azote.........	17^{gr},82	et carbone.......	264

En substituant dans la ration précédente 300 grammes de

pommes de terre à 100 grammes de pain, on aurait une quantité équivalente d'éléments nutritifs avec un peu plus de variété. Si l'on remplace 200 grammes de pain et 200 grammes de viande par 200 grammes de légumes secs, et le vin par de la bière, on aurait une ration équivalente à la première, mais à beaucoup meilleur marché (1).

RATION JOURNALIÈRE du marin français.	QUANTITÉ d'aliments.	AZOTE.	CARBONE.	GRAISSE.
Pain (ou son équivalent en biscuit ou en farine)................	750	8.10	221.0	3,0
Viande fraîche (ou équivalent en viande salée + fèves).........	300	9,0	33.0	6,0
Fèves, pois ou haricots (ou riz (1), viande ou fromage)...........	120	5.0	48.0	3,0
Beurre 15 grammes et huile d'olive 6 grammes................	21	0.12	14,0	6.0
Café (quantité dans l'infusion de 20 grammes)................	20	0.21	4,0	0.3
Sucre........................	25	»	10,1	»
Oseille 10 grammes ou choucroûte 20 grammes................	10	0.04	1,6	0,2
Assaisonnement (vinaigre, poivre, moutarde).................	»	»	»	»
Vin (ou équivalent en bière, eau-de-vie, boisson).............	460	0.04	12,0.2	»
Eau-de-vie...................	60	»	15,0	»
Sel marin...................	22	»	»	»
Total de la nourriture (3)...	1788	22.51	358,7	28.5

(1) On a laissé par erreur le poids du riz à 90 grammes au lieu de 360 qu'il aurait fallu pour remplacer 120 de légumineuses ou 60 de fromage ; il est vrai que le riz aurait alors introduit un excés de matière féculente. Il faudrait ajouter aux 90 grammes de riz 100 grammes de viande pour avoir l'équivalent.

(2) En admettant que l'alcool soit dépourvu de pouvoir nutritif, le retard qu'il apporte à la combustion physiologique ménage toujours une certaine quantité de carbone des aliments.

(3) Outre 1 litre et demi à 2 litres d'eau comprise ou ajoutée dans les aliments.

Nota. Ce tableau ainsi que les suivants sont extraits de l'ouvrage de M. Payen.

(1) Cyr, ouvrage cité, p. 308 et suiv.

Ouvriers des fermes de Vaucluse.

NOURRITURE ANNUELLE.	ALIMENTS.	AZOTE.	CARBONE.	GRAISSE.
	kil.	gr	gr	gr
Pain.	390	4,212	115,050	4,680
Pommes de terre.	90	0,216	9.000	0,090
Haricots (ou équivalent en fèves).	88	3,410	35,200	2,464
Lard.	19	0,230	11,610	13,490
Huile.	10	»	7,700	8,600
Vin.	123	0,018	4,920	»
Total de la nourriture distribuée.	720	8,086	183,480	29,324
Consommation par jour.	1,972	22,15	502,27	80,34

Ouvriers agriculteurs du canton de Vaud.

NOURRITURE ANNUELLE.	ALIMENTS.	AZOTE.	CARBONE.	GRAISSE.
	kil.	gr	gr	gr
Pain.	286	3,090	85,800	5,720
Pommes de terre.	365	0,876	36,500	0,365
Légumes verts.	41,600	0,166	6,660	0,600
Légumineuses (lentilles).	13,0	0,487	5,200	0,344
Fruits desséchés.	13,0	0,120	4,420	0,130
Viande.	57,200	1,710	6,292	1,144
Fromage maigre.	28,600	1,456	5,160	2,860
Beurre.	10,400	0,066	6,750	8,500
Café (quantités d'azote et de carbone dans l'infusion).	6,200	0,650	1,300	0,00
Lait.	229,500	1,514	16,065	8,490
Vin.	121,500	0,018	4,830	»
Cidre.	108.0	0.012	2.160	»
Total de la nourriture annuelle.	1280,0	10.165	181,137	28,243
Consommation journalière.	3,41	27,84	496,27	77,37

Ouvrier laboureur du Nord.

NOURRITURE ANNUELLE.	ALIMENTS.	AZOTE.	CARBONE.	GRAISSE.
	kil.	gr.	gr.	gr.
Farine de seigle.	320	5,600	131,0	7,200
Farine de froment.	30	0,492	11,700	0,540
Farine d'orge.	50	0,950	20,0	1,100
Pois.	30	1,050	12,300	0,630
Pommes de terre.	350	0,840	35,0	0,350
Viande de bœuf.	20	0,600	2,200	0,400
Lard.	10	0,118	6,114	7.100
Lait (litres).	160	1,356	11,200	5,920
Beurre.	20	0,128	13,400	16.400
Bière.	365	0,292	16,425	»
Sel marin.	12	»	»	»
Total de la nourriture.	1367	11,426	259,339	39,640
Consommation journalière. .	3,74	31,30	710,52	108,60

Régime alimentaire des ouvriers agriculteurs du département de la Corrèze.

NOURRITURE ANNUELLE d'un ouvrier.	ALIMENTS.	AZOTE.	CARBONE.	GRAISSE.
	kil.	gr.	gr.	gr.
Froment, méteil, seigle.	219	3,960	87,600	4,380
Pommes de terre.	369	0,850	36,900	0,369
Châtaignes sèches.	248	2,570	119,040	14,880
Viande.	12	0,360	1,320	0,240
Lard	10	0,118	6,100	7,100
Lait (litres).	120	0,792	8,400	4,440
Nourriture totale.	978	8,650	259,360	31,409
Consommation journalière	2,68	24,26	710,60	86,052

Nourriture habituelle des ouvriers en Lombardie.

RATION JOURNALIÈRE d'un individu.	ALIMENTS.	AZOTE.	CARBONE.	GRAISSE.
Farine de maïs.	1,520	25,83	668,80	133,76
Fromage.	30	1,50	10,80	7,30
Deux litres de piquette pour boisson	2.000	0,27	15,0	»
Consommation en un jour.	3,550	27,60	694,60	141,06

Ration alimentaire des ouvriers en Irlande (1).

NOURRITURE D'UN INDIVIDU par jour.	ALIMENTS.	AZOTE.	CARBONE.	GRAISSE.
Pommes de terre..............	6,348	15,20	634,8	6,34
Lait......................	500	3,30	35,0	18,50
Eau ou petite bière (1).........	»	»	»	»
Ration totale	6,848	18,50	669,8	24,84

(1) Un litre et demi à deux litres.

Régime alimentaire des ouvriers anglais qui travaillaient au chemin de fer de Rouen (2).

	ALIMENTS.	AZOTE.	CARBONE.	MATIÈRE grasse.
Viande..................	0,660	19,8	72,6	13,2
Pain blanc.., ...	0,750	8,1	221.5	8,0
Pommes de terre..........	1,000	2,4	100,0	1,0
Bière.	2,000	1,6	90,0	»
Ration journalière. { Aliments....	2,400	31,9	484,1	22,2
{ Boisson.....	2,000			

Un fait immense est acquis à l'hygiène : tout individu produisant un travail mécanique externe ne le fournit qu'aux dépens de la chaleur transformée.

La question d'alimentation prend donc désormais l'inflexibilité d'une équation algébrique.

MACHINE ANIMALE.

La machine animale est gouvernée par trois régulateurs principaux : la respiration, qui brûle le carbone et l'hydro-

(1) Voy. la *Revue britannique*, janvier 1848, note, p. 77.
(2) Voy. tome V du *Cours d'agriculture* de M. de Gasparin.

gène pour produire le calorique; la transpiration, qui augmente ou diminue, suivant la nécessité d'emporter plus ou moins de calorique; la digestion, qui répare les pertes causées par la respiration et la transpiration. (Lavoisier.)

Un homme en travail consomme pour l'activité du cerveau plus d'oxygène, puisque la quantité d'urée et d'acide phosphorique est plus grande.

Pendant la nuit, au repos, il absorbe par la respiration environ les $4/10^{es}$ de plus d'oxygène que pendant le jour, et en travail les $6/10^{es}$ de plus.

Le contraire a lieu pour l'acide carbonique exhalé et l'urée produite (1) (Henneberg, Voit). Pendant le travail musculaire ou cérébral, il y a deux fois et demie plus d'eau produite que pendant le repos.

Le problème de la fonction régulière d'un organe se résume ainsi : faire pénétrer, en un temps donné, la quantité d'oxygène proportionnelle à l'oxydation maximum des matériaux combustibles que les vaisseaux peuvent apporter à l'organe ou emporter pour l'élimination.

Si la quantité d'oxygène est trop petite, il y a congestion ; si elle est trop grande, la désintégration des tissus propres de l'organe doit en résulter (2).

---

(1) Les plantes, au contraire, exhalent plus d'oxygène pendant le jour et plus d'acide carbonique pendant la nuit.

Chaque centimètre carré de surface verte produit environ 11 centimètres cubes d'oxygène sous l'influence solaire, et 4 centimètres cubes d'acide carbonique dans l'obscurité.

(2) Si la loi de Hutchinson est vraie, c'est-à-dire s'il est possible d'établir, à l'aide du spiromètre, un rapport exact entre les plus grands changements de volume du thorax et la stature de l'individu, on conçoit comment la *spirométrie* viendrait prendre rang parmi les moyens physiques d'exploration médicale. En effet, une diminution trop sensible de la quantité d'air que l'individu peut mettre en circulation dans ses poumons, diminution qui ne résulterait pas seulement des progrès de l'âge, devrait donner l'éveil au médecin sur l'état de ces organes, en

Pour le sujet qui nous occupe, nous regarderons l'homme comme une machine. Toutefois, faudra-t-il éviter l'erreur des

même temps que la spirométrie lui fournirait la mesure du progrès ou de l'amélioration de l'affection pulmonaire.

Le premier malade sur lequel Hutchinson ait fixé son attention réunissait les conditions les plus favorables à un semblable examen. C'était un Américain colossal venu à Londres pour disputer le prix d'une lutte ; il était d'une taille de près de 7 pieds (anglais) et dans toute la puissance de la santé ; son volume expiré maximum était de 7$^{\text{lit.}}$,082. Après avoir remporté le prix, il mena une vie oisive et dissolue, et deux ans plus tard (novembre 1844) ce volume n'était plus que de 6$^{\text{lit.}}$,364 ; on ne constatait d'ailleurs aucun signe de lésion thoracique. A la fin de décembre 1844, il était descendu à 5$^{\text{lit.}}$,222. Cet homme succomba en 1845 aux suites d'une tuberculisation pulmonaire subaiguë. — Un fait d'une autre nature, mais non moins caractéristique, témoigne de l'utilité de l'appareil et de son application à la pathologie. Un homme est examiné, il jouit d'une santé irréprochable, mais la mesure de sa capacité inspiratrice est de 0$^{\text{lit.}}$,777 au-dessous du chiffre normal. L'auscultation ne révèle pas le plus léger trouble des fonctions respiratoires. Trois jours après, cet homme succombe accidentellement, et l'on trouve au sommet du poumon gauche un dépôt de tubercules miliaires qui avait l'étendue de plus d'un pouce carré.

C'est en s'appuyant sur des observations extrêmement nombreuses que Hutchinson a formulé ses principales conclusions relatives à la phthisie. Suivant lui, un abaissement de 16 pour 100 doit déjà éveiller les soupçons. Dans le premier degré de la phthisie confirmée, la diminution est d'environ 33 pour 100 ; elle peut être portée, dans la période extrême, jusqu'à 90 pour 100, sans que le malade soit sous la menace d'une mort tout à fait prochaine.

Ce n'est pas le lieu de passer en revue bien d'autres causes pathologiques qui peuvent entraver la respiration, et d'indiquer jusqu'à quel point elles agissent sur le seul élément dont le spiromètre fournisse la mesure. Nous nous bornerons ici à rappeler que l'emphysème pulmonaire paraît avoir abaissé presque autant que les tubercules, le chiffre de la capacité inspiratrice. (Lasègue, *Emploi du spiromètre en médecine.*)

Si, dans un grand nombre d'expériences, on a mesuré et analysé (avec autant de précision que les connaissances actuelles permettent d'en apporter dans les procédés), les gaz absorbés ou dégagés, pendant la respiration, par l'homme et par un certain nombre d'animaux à l'*état normal*, ces mêmes gaz n'ont été étudiés qu'assez rarement, dans le but d'établir leurs variations de proportions *suivant les divers états pathologiques*.

Nous signalerons d'abord les analyses, au nombre de 170, faites par Doyère sur les principaux produits de la respiration chez des individus atteints de *choléra*. Chacune de ces analyses comprend la détermination des proportions de l'oxygène absorbé et de celles de l'acide carbonique exhalé.

Rayer avait déjà annoncé, en 1832, que l'air expiré par les cholériques renferme plus d'oxygène que l'air expiré dans l'état physiologique ; en d'autres termes, que

économistes officiels? Ceux-ci, ne lui donnant qu'une quantité de combustible proportionnelle à son travail, le laissent mourir lorsqu'il ne peut produire. Nous, au contraire, médecins,

l'absorption de ce dernier gaz est diminuée. Doyère a confirmé ce résultat et l'a suivi dans ses détails ; il n'a vu, dans aucun cas, l'absorption de l'oxygène se réduire à zéro : il n'a donc jamais vu l'air expiré contenir autant d'oxygène que l'air inspiré ; mais il a constaté que plus le choléra était grave, plus on retrouvait d'oxygène dans les gaz de l'expiration. Quant à l'acide carbonique, Doyère a rencontré constamment un abaissement notable de la proportion de ce gaz dans l'air expiré par les cholériques ; il n'en trouvait plus en moyenne que 1 pour 100.

Il est d'ailleurs possible, par l'analyse des produits expirés, de mesurer la gravité du mal. Ainsi, chez les cholériques qui ont guéri promptement, l'oxygène absorbé n'est pas tombé au-dessous de 3 pour 100, ni l'acide carbonique exhalé au-dessous de 2,3 pour 100 ; et, par contre, Doyère n'a vu aucun malade sauvé, après que les chiffres donnés par l'analyse étaient tombés plus bas que 1,75 pour le premier gaz, et que 1,45 pour le second, et cela dans le cas même où l'amélioration des symptômes avait fait concevoir de grandes espérances.

Enfin, selon Doyère, dans le choléra, comme dans certains cas d'asphyxie dont il donne des observations, la quantité d'oxygène absorbé est toujours supérieure à celle de l'acide carbonique produit.

« Mais ici une question se présente, dit Andral : la modification dans la proportion normale des produits expirés est-elle un fait propre au *choléra?* Postérieurement à la publication de son premier mémoire, l'observation a révélé le contraire à Doyère. En effet, dans des expériences plus récentes entreprises à l'hôpital de la Charité, sous les yeux de Rayer, chez des malades atteints de *fièvre typhoïde*, et chez un autre atteint de *pneumonie aiguë*, Doyère a trouvé, dans l'air expiré, une aussi faible proportion d'acide carbonique que chez les cholériques.... — Dans ces cas divers, continue Andral, l'abaissement du chiffre du gaz acide carbonique était-il dû, soit aux conditions spéciales qui dominent l'organisme dans la *fièvre typhoïde*, soit à l'altération que subit l'appareil respiratoire lui-même dans la *pneumonie* ; ou bien cet abaissement du chiffre de carbone que le poumon doit normalement éliminer serait-il une condition générale de *l'état fébrile*, quels que soient son point de départ et sa nature ? Question grave, qui demande de nouvelles recherches dont il n'est pas besoin de faire sentir toute l'importance. »

Malcolm, ayant fait à l'hôpital de Belfort quelques expériences pour déterminer la quantité d'acide carbonique exhalé pendant la respiration, dans le *typhus*, est arrivé aux deux conclusions suivantes : « 1.° dans le typhus, l'exhalation de l'acide carbonique est beaucoup moindre que dans l'état de santé ; 2° cette quantité est moindre encore dans les cas les plus graves. » — Mais, jusqu'à ce qu'on ait établi des séries d'expériences analogues pour beaucoup d'autres maladies, on peut encore se demander si cette diminution de la proportion d'acide carbonique dépend de la nature de la maladie ou bien seulement de l'état morbide général.

Cette diminution a été aussi observée par Hannover chez des hommes et des femmes atteints de phthisie pulmonaire. Dans la chlorose, au contraire, le même

connaissant son organisme, nous ne l'assimilons pas à un instrument intermittent de travail, mais bien à une machine sans cesse fonctionnant. (Chaulet.)

M. Dumas a dit, en parlant de l'homme :

« Comme machine empruntant toute sa force au charbon qu'il brûle, l'homme est une machine trois ou quatre fois plus parfaite que la plus parfaite machine à vapeur. Nos ingénieurs ont donc beaucoup à faire, et pourtant ces nombres sont bien de nature à prouver qu'il y a communauté de principes entre la machine vivante et l'autre; car, si l'on tient compte des pertes inévitables dans la machine humaine, l'identité de principes de leurs forces respectives ressort manifeste et évidente aux yeux (1). »

Les vaisseaux sanguins peuvent être assimilés aux tubes contenus dans la chaudière d'une machine locomotive et où circule la flamme.

En effet, le sang des artères représente un courant d'oxygène, qui, en parcourant les capillaires les plus ténus du corps, détermine des oxydations successives ou des combus-

---

observateur prétend que la quantité absolue d'acide carbonique exhalé serait plus considérable que dans l'état de santé !

Quant à P. Hervier et Saint-Lager, ils croient pouvoir diviser le cadre nosologique en trois catégories, au point de vue qui nous occupe : la première comprend les maladies dans lesquelles la proportion d'acide carbonique augmente ; la seconde, les états morbides dans lesquels la proportion de ce gaz reste normale ; et la troisième, ceux dans lesquels cette proportion diminue. — Dans la première catégorie se rangeraient les *phlegmasies* bien caractérisées, à l'exception de celles qui peuvent avoir pour effet immédiat de gêner la respiration ou la circulation : la *fièvre intermittente* pendant l'accès. — Dans la seconde se trouveraient les maladies chroniques qui ne sont pas accompagnées de fièvre, comme la chlorose, le diabète, etc. — Enfin, dans la troisième, figureraient l'affection typhoïde, les fièvres éruptives ; puis la pneumonie, la pleurésie, la péricardite, la phthisie pulmonaire, etc.; en un mot, toutes les maladies apportant quelque obstacle à la respiration. (Longet, *Traité de physiologie*, 1869, t. II, p. 620 et 696.)

(1) Dumas, cité par Onimus, thèse, 1864.

tions, parmi lesquelles se trouvent l'acide carbonique et la vapeur d'eau, et donne ainsi lieu à une production de chaleur.

L'idée de la transformation du mouvement calorique en mouvement mécanique a été émise pour la première fois par Montgolfier, qui imagina même sur ce principe une machine qu'il appelait pyro-bélier.

Cette idée fut reprise ensuite et très-nettement formulée par M. Seguin, neveu de Montgolfier, qui, en réalité, est le fondateur de la théorie mécanique de la chaleur.

Avec tous les mécaniciens et tous les physiciens, prenons pour *unité de travail* le *kilogrammètre*, ou le travail accompli quand *un* kilogramme est soulevé à *un* mètre de hauteur, et pour *unité de chaleur* la *calorie*, ou la quantité de chaleur nécessaire et suffisante pour élever de *un* degré la température d'*un* kilogramme d'eau ; nous devons admettre les deux principes suivants comme définitivement démontrés :

1er *principe*. Toutes les fois qu'une force mécanique capable de produire 425 unités de travail est consommée sans travail mécanique effectué, il se dégage une unité de chaleur.

2e *principe*. Réciproquement, une unité de chaleur consommée sans déterminer une élévation de température produit 425 unités de travail.

Les quantités de travail mécanique et de chaleur qui peuvent se substituer l'une à l'autre, se transformer l'une en l'autre, sont donc dans le rapport constant de 425 à 1 ; ce nombre 425 est l'*équivalent mécanique* de la chaleur.

Ce n'est pas ici le lieu de passer en revue les divers travaux entrepris pour déterminer l'équivalent mécanique de la chaleur ; cette étude, pour être comprise, exigerait de trop longs développements. Nous devons nous contenter d'emprunter à

M. Verdet le tableau des déterminations qui doivent inspirer la plus de confiance.

NATURE DU PHÉNOMÈNE AUQUEL LA DÉTERMINATION DE L'ÉQUIVALENT MÉCANIQUE A ÉTÉ EMPRUNTÉE	NOMS DES PHYSICIENS QUI ONT DONNÉ LE PRINCIPE THÉORIQUE DE LA DÉTERMINATION	VALEUR DE L'ÉQUIVALENT MÉCANIQUE
Propriétés générales de l'air..........	Mayer...........	426
	Clausius..........	
Frottement......................	Joule...........	425
	Favre.	413
Travail de la machine à vapeur.	Clausius.	413
Chaleur dégagée par une machine électro-magnétique en mouvement et en repos..	Favre..........	443
Chaleur totale dégagée dans le circuit de la pile de Daniell.	Bosscha....	420

Liebig et son école professent que la force utilisée comme chaleur sensible et la puissance mécanique des muscles n'ont pas la même origine. Pour eux, la combustion des matières grasses et sucrées du sang fournirait *exclusivement* la chaleur destinée à entretenir la température de l'animal, tandis que l'action de l'oxygène sur la fibre musculaire pourrait *seule* développer la chaleur *transformable* en travail mécanique. Cette théorie de l'origine de la puissance musculaire, si elle était vraie, nous ferait assister au spectacle singulier d'un moteur animé, d'un muscle, qui puiserait le principe de sa puissance dans la destruction graduelle et incessante de sa propre substance.

La doctrine de Liebig ne fut pas admise sans contestation ; elle fut combattue, dès son origine, par de sérieux adversaires. J.-R. Mayer fit d'abord observer que l'agent de toute combustion, l'oxygène emprunté à l'atmosphère, est mêlé au sang dans les vaisseaux et ne peut que très-difficilement atteindre la fibre musculaire ; il montra, en outre, que la combustion de toute la masse musculaire d'un homme fournirait à peine la quantité de chaleur consommée par la puissance musculaire développée en *quatre-vingts jours* de travail. Solidement appuyé sur ces considérations physiologiques, il résuma ainsi qu'il suit ses idées sur l'origine de la puissance musculaire :

« Le foyer dans lequel la combustion se produit est l'intérieur des vaisseaux sanguins; le *sang*, un liquide brûlant lentement, est l'huile de la flamme de la vie... De même qu'une feuille d'arbre transforme un effet mécanique donné : la *lumière*, en une autre force, la *différence chimique;* de même aussi le *muscle produit un travail mécanique aux dépens de la différence chimique consommée dans les capillaires.* La chaleur ne peut pas plus remplacer les rayons du soleil pour la plante que l'opération chimique pour l'animal; tout mouvement chez un animal est accompagné d'absorption d'oxygène et de production d'acide carbonique et d'eau; *tout muscle auprès duquel l'oxygène atmosphérique ne pénètre pas cesse d'accomplir ses fonctions...* Un muscle est seulement un appareil au moyen duquel la transformation des forces s'effectue; *mais ce n'est pas la substance par le changement chimique de laquelle* l'effet mécanique se produit.

» Cette doctrine de Mayer est en accord complet avec ce que nous avons déjà dit de la *fatigue* musculaire, qui n'est pas le résultat de l'*usure* de la fibre contractile, mais d'une simple accumulation de matériaux de décomposition dans le tissu du muscle. Son exactitude est pleinement démontrée par une expérience très-remarquable, faite en Suisse, dans les derniers jours du mois d'août 1865, par MM. Fick et Wislicenus (1-2). »

(1) *Philosophical Magazine*, t. XXXI, p. 485.
(2) Gavarret, *Phénomènes de la vie*, p. 54 et suiv.

Le docteur C. Verloren a observé que certains insectes se nourrissent principalement de matières azotées quand ils doivent accomplir peu de travail mécanique extérieur, et qu'au contraire, leur alimentation se compose presque exclusivement de matières ternaires, à l'époque où leur système musculaire travaille le plus activement.

Les abeilles, les papillons, accomplissent des travaux mécaniques considérables; pourtant, leur nourriture est très-pauvre en azote.

Tous ces faits démontrent péremptoirement que, pour l'alimentation normale de l'homme, une certaine proportion de matières albuminoïdes est nécessaire, mais seulement pour l'entretien de la fibre musculaire et de la fibre nerveuse; le reste des matières nutritives peut bien être pris parmi les substances albuminoïdes, mais avec beaucoup plus d'avantage parmi les matières grasses ou amylacées, puisqu'il s'agit de produire de la chaleur et que les substances ternaires en produisent le maximum.

De plus, pendant le travail, les matériaux de décomposition des matières quaternaires circulent moins facilement ou produisent, quand leur oxydation incomplète les laisse à l'état d'acide urique, des congestions par accumulation, soit dans les muscles, soit dans les nerfs, soit dans les cellules cérébrales, pour aboutir à la fatigue excessive et à l'acidité, qui arrête le travail (1).

(1) Nous verrons plus loin que les idées de Mayer sont applicables également à la transformation des forces opérée dans les nerfs. Les expériences de Chossat établissent que le système nerveux contribue pour 19 millièmes seulement à la déperdition totale des 4 dixièmes pendant l'inanition. Or, l'étude comparative des pertes ou cendres organiques prouve qu'un pareil résultat ne saurait être obtenu, si, au lieu d'être de simples agents transformateurs des matériaux généraux et phosphorés charriés par le sang, la substance nerveuse devait puiser en elle-même la principale source de son activité.

Ainsi un kilogramme de muscle desséché réduit en
urée produit................................ = 4 368 unités de chaleur
                                                             (Frankland)
Un kilogramme de carbone..................... = 8 080 calories
Un kilogramme d'hydrogène.................... = 32 000 calories
Un kilogramme d'alcool....................... = 7 000 (Liebig)

*Énergie effective développée (en chaleur et en force mécanique) par un kilogramme
de différentes matières alimentaires brûlées dans l'oxygène.*

NOMS DES ALIMENTS.	UNITÉS DE CHALEUR		KILOGRAMMÈTRES UNITÉS DE FORCE		EAU POUR 100
	ÉTAT naturel.	SEC	ÉTAT NATUREL.	SEC	
Pommes de terre..	1013	3752	430 525	1594 600	73,0
Gruau d'avoine..	4004	....	1701 700		
Farine..........	3941	....	1674 925		
Farine de pois....	3936	....	1672 800		
Farine de riz.....	3813	....	1620 525		
Arow-root.......	3912	....	1662 600		
Carotte..........	537	3967	228 225	1685 975	86,0
Choux...........	434	3776	184 450	1604 800	88,5
Sucre blanc......	3348	....	1422 900		
Cacao...........	6873	....	2921 025		
Beurre..........	7264	....	3087 200		
Huile de foie de morue.........	9107	....	3870 475		
Gras de bœuf....	9069	....	3854 325		
Pain (mie).......	2231	3984	948 175	1693 200	44,0
Pain (croûte).....	4459	....	1895 075		
Bœuf (maigre)....	1567	5313	665 975	2258 025	70,5
Veau (maigre)....	1314	4514	558 450	1918 450	70,9
Jambon (maigre)..	1980	4343	841 500	1845 775	54.4
Maquereau......	1789	6064	760 325	2577 200	70,5
Merlan..........	904	4520	384 200	1921 000	80.0
Blanc d'œuf......	671	4896	285 175	2070 800	86,3
Œufs durs.......	2383	6273	1012 775	2686 425	62,3
Jaune d'œuf.....	3423	6460	1454 775	2745 500	47,0
Lait.............	662	5093	281 350	2164 525	87,0

(FRANKLAND.)

Il résulte évidemment de ce tableau qu'à poids égal et à
l'*état naturel*, les matières alimentaires grasses fournissent à
l'économie plus de chaleur et de force disponible que les matières sucrées ou amylacées, et ces dernières plus que les
viandes de bœuf, de veau, de porc et de poisson.

L'homme, considéré comme machine, produit 62 kilogr. par 1 calorie.

Verdet (1) et Hirn fixent l'équivalent mécanique de la chaleur à 425.

Si nous prenons 425 comme équivalent mécanique de la chaleur, la machine humaine rendant 62 kilogrammètres par 1 calorie, il en résulte que chez l'homme $425 - 62 = 363$ calories sont employés à produire tous les travaux moléculaires internes. Nous ne devons donc pas négliger les pertes par le cerveau : elles sont considérables ; aussi doit-on conclure à une production plus considérable de *travail mécanique externe*, pour l'homme qui ne pense pas.

Comparant les chiffres précédemment trouvés, d'après les expériences de Hirn, nous voyons :

Sur 425 kilogrammètres par 1 calorie, devant se produire lorsque toute la chaleur est utilisée par le travail mécanique externe, 62 sont rendus chez l'homme, et 363 absorbés pour les pertes inévitables. Ce qui veut dire que l'organisme humain, considéré comme machine, donne en effet utile 1/5,8 du travail produit (2).

Expériences de Lavoisier.

1° Un homme au repos et à jeun, la température extérieure étant de 32°, consomme par heure 24 litres 200 d'oxygène, en poids 34 grammes 290.

2° Le même homme à jeun et pendant qu'il élève, dans une heure, un poids de 7 kilogr. 343 à 199 mètres 776 de hau-

(1) Verdet, *Expériences de la théorie mécanique de la chaleur*. Paris, 1863.
(2) Chaulet, *De l'alimentation au point de vue de l'équivalence des forces*. 1869, p. 12 et suiv.

teur, c'est-à-dire produisant un travail de 1,461 kilogr. 955,
consomme dans le même temps 63 litres 477 d'oxygène, ou,
en poids, 91 grammes 216.

3° Un homme au repos, et pendant la digestion, absorbe
dans une heure 37 litres 689 d'oxygène, ou en poids, 54 gr.
159.

4° Pendant la digestion et élevant dans une heure un poids
de 7 kilogr. 343 à 211 m. 146 de hauteur, c'est-à-dire produisant un travail mécanique de 1,548 kilogrammètres 74, en
négligeant quelques décimales, il consomme 91 litres 248
d'oxygène et en poids 131 grammes 123.

Dans ces deux expériences, que l'homme soit à jeun ou en
digestion, le rapport entre l'oxygène absorbé au repos et à
l'état de travail est sensiblement le même.

(Les expériences de Lavoisier ne nous permettent pas,
comme celles de Hirn, de calculer l'effet utile produit par la
machine humaine.)

En présence de tels résultats fournis par l'expérience, il ne
peut s'empêcher de dire dans ses mémoires adressés à l'Académie des sciences :

« Tant que nous n'avons considéré dans la respiration que
la seule consommation de l'air, le sort du riche et celui du
pauvre étaient le même ; car l'air appartient à tous et ne coûte
rien à personne ; l'homme de peine, qui travaille davantage,
jouit même plus complétement de ce bienfait de la nature.
Mais maintenant que l'expérience nous apprend que la respiration est une véritable combustion, qui consume à chaque
instant une portion de la substance de l'individu ; que cette
consommation est d'autant plus grande que la circulation et
la respiration sont plus accélérées, qu'elle augmente à proportion que l'individu mène une vie plus active et plus laborieuse ;

une foule de considérations morales naissent d'elles-mêmes de ces résultats de la physique. Par quelle fatalité arrive-t-il que l'homme pauvre qui vit du travail de ses mains, qui est obligé de déployer pour sa subsistance tout ce que la nature lui a donné de forces, consomme plus que l'homme oisif, tandis que ce dernier a moins besoin de repos? Pourquoi, par un contraste choquant, l'homme riche jouit-il d'une abondance qui ne lui est pas physiquement nécessaire et qui semblait destinée pour l'homme laborieux? Gardons-nous cependant de calomnier la nature et de l'accuser des fautes qui tiennent sans doute à nos institutions sociales et qui, peut-être, en sont inséparables (1). »

CALCUL DES RECETTES ET DES DÉPENSES DE LA MACHINE HUMAINE.

La mortalité chez les classes laborieuses est intéressante à comparer.

Avant la révolution, elle était de 1 sur 30. (Necker.)

Après, elle devint de 1 sur 39, jusqu'à la prépondérance de la classe moyenne ou bourgeoisie.

A cette époque, la mortalité fut, dans la carte nouvelle, de 1 sur 32 (II° arrondissement de Paris), mais atteignit 1 sur 26 (XII° arrondissement), parmi les populations moins fortunées.

En Irlande, la population était : en 1821, de 6 801 827 habitants; en 1831, de 7 764 010 habitants. Soit : 14 pour 100.

Dans le Leinster, contrée riche, la population n'augmente que de 2 pour 100.

Conclusion. — La population croît et disparaît en raison de la misère.

(1) Lavoisier, *Mém. de l'Acad. des sciences*, 1789, p. 578. — Cité par Chaulet, p. 15.

A quoi Malthus, l'horrible Malthus! répond : *Ne faites pas d'enfants*.

Il résulte de l'expérience que : 1° l'homme au repos perd fatalement, par cela même qu'il vit, une quantité de chaleur, la même pour tous les hommes (1) ;

2° Tout travail *mécanique externe*, pour se produire, exige une quantité de chaleur; cette chaleur, l'homme la prend dans les aliments. Il nous importe surtout, au point de vue où nous nous plaçons, de connaître la quantité et la qualité d'aliments nécessaires à un homme adulte pour rester à l'*état d'entretien* (2), perfectionner ses organes et développer une quantité de *travail mécanique externe suffisante*.

Connaissant 1° le travail manuel d'un homme, 2° le rendement de la machine humaine, nous pourrons, d'après la chaleur de combustion du carbone et de l'hydrogène, calculer le supplément de nourriture nécessaire au producteur.

Voici les éléments du problème :

D'après les ouvrages de mécanique, un manœuvre, portant des fardeaux sur son dos au haut d'une pente douce ou d'un escalier et revenant à vide, produit un effort moyen de 65 kilogrammes, à une vitesse de $0^m,004$ par seconde, travaille six heures et donne un travail de 56 160 kilogrammètres. Comme à 1 calorie, dans la machine humaine, correspond 62 kilogrammètres, on en déduit :

56 160 kilogrammètres exigent, pour se produire, 905 calories.

La chaleur de combustion du carbone étant 8, celle de l'hydrogène 35, et sachant qu'au repos le carbone est à l'hydro-

(1) Chaulet, *ouvr. cité*, p. 16.

(2) D'après Helmholtz, la force qui fait battre le cœur serait capable d'élever son propre poids à 20 250 pieds; selon Fiek, elle équivaudrait à 2528 kilogrammètres.

gène absorbé comme 18 est à 1, déterminer combien il faudra de l'un et de l'autre pour produire 905 calories ?

Représentons par x la quantité d'hydrogène demandée, et par y la quantité de carbone, nous aurons :

$$\frac{x}{y} = \frac{1}{18} \text{ et } 35x + 8y = 905$$

effectuant les calculs.

$$y = 18x \quad 35x + 144x = 905$$
$$179x = 905 \quad \text{d'où} \quad x = \frac{905}{179} = 5$$

transportant la valeur de x

$$y = 18 \times 5 = 90$$

La solution de notre équation nous répond qu'un homme, pour produire un travail mécanique de 56 160 kilogrammètres, a besoin de 90 grammes de carbone et de 5 grammes d'hydrogène de plus qu'un homme au repos.

Nous avons négligé de rechercher l'excédant d'azote nécessaire au producteur, à cause du rôle secondaire que jouent les substances azotées dans la calorification (1).

Au moyen de la même équation précédemment posée, nous pourrions facilement trouver la quantité de combustible que doit recevoir en plus le travailleur, selon le genre et le nombre de travaux produits.

Nous verrons plus loin que cette proportion doit augmenter, quand il s'agit du travail effectué par le cerveau.

L'homme qui pense en travaillant produit moins d'effets mécaniques que celui qui ne pense pas.

Il reste bien acquis à la science que tout individu produi-

______

(1) Chaulet, *ouvr. cité*, p. 27 et 28.

sant un travail mécanique externe ne le fournit qu'aux dépens de la chaleur.

Le calorique résume en lui toutes les forces.

Cette idée était tellement passée dans le courant scientifique, que Humboldt, dans le *Cosmos*, dit ceci :

« La condensation des nébuleuses doit nécessairement donner lieu à un développement de chaleur.

» Des faits nombreux, constatés dans notre propre système solaire, conduisent à expliquer la formation des planètes et leur chaleur interne par le passage de l'état gazeux à l'état liquide et par la condensation progressive de la matière agglomérée en sphéroïde. »

L'idée inverse, l'idée de la transformation du mouvement calorifique en mouvement mécanique, a été émise, comme nous l'avons dit plus haut, pour la première fois par Montgolfier.

SEL MARIN.

La chimie biologique fait un nouveau pas chaque jour.

La proportion des sels nécessaires à la nutrition commence à recevoir une formule presque aussi rigoureuse que celle de l'oxygène, de l'hydrogène, du carbone et de l'azote.

Le sel marin (chlorure de sodium) et le phosphate de chaux sont les deux plus importants des sels exigés pour l'harmonie organique. Viennent ensuite les phosphates de potasse, de soude, de magnésie.

Selon M. Mouriès, il faudrait trouver environ 6 grammes par jour de phosphate de chaux pour compenser les pertes de l'organisme.

Le sel marin n'existe que dans les liquides, les larmes, la sueur, l'urine, et surtout le sang, où il forme les 60 centièmes des principes minéraux du sérum ; et cette proportion de sel, le sang la conserve même pendant l'inanition et pendant un régime absolument dépourvu de chlorure de sodium, de manière qu'il n'en passe pas la moindre quantité dans les excrétions, tant est utile le rôle rempli par cette substance.

On peut résumer ainsi les usages complexes du sel dans l'économie :

1° Il sert à appeler et à maintenir dans le sang une quantité d'eau suffisante pour les actes de la circulation, de l'exhalation, de l'absorption, etc., et à favoriser la présence de l'oxygène.

2° Il contribue, pour une large part, à donner au sang cette réaction alcaline qui lui est nécessaire pour l'accomplissement de ses diverses fonctions.

3° Il fournit à la bile la majeure partie de la soude qu'elle renferme ; il fournit aussi le chlore contenu, soit dans l'acide chlorhydrique du suc gastrique, soit dans le chlorure de potassium des muscles.

4° Comme le sel est susceptible de se combiner avec le glucose ainsi qu'avec l'urée, il est infiniment probable qu'il favorise les transformations de l'un et l'élimination de l'autre.

5° Il sert de dissolvant à la caséine et à l'albumine, et concourt, avec cette dernière, à prévenir la déformation des globules sanguins et leur dissolution.

6° Enfin, Lehmann fait remarquer qu'on trouve des proportions considérables de chlorure de sodium dans les sécrétions et les exsudations, où les cellules tendent surtout à se former, comme dans le mucus, le pus, le cancer ; et comme, dans les cas où de semblables exsudations se produisent (ainsi dans la pneumonie), le chlorure de sodium disparaît entièrement de l'urine, il semble que la présence de ce sel influe également sur la formation des cellules ; peut-être aussi qu'il les empêche de s'organiser davantage en tissus.

Les deux espèces de sel (sel marin et sel gemme) sont employées indistinctement ; toutefois, la première est préférable parce qu'elle est riche en chlorure de magnésium, tandis que, dans le sel gemme, c'est surtout le sulfate de chaux et un peu aussi le chlorure de potassium qu'on trouve associés au chlorure de sodium (1). Les aliments doivent donc contenir une forte proportion de sel, et les animaux en sont très-friands.

On prétend que les tissus humains, principalement les cartilages, en contenant beaucoup, les carnassiers, comme le tigre et l'ours par exemple, font la chasse à l'homme quand ils ont une fois mangé de sa chair, et qu'ils dédaignent leur proie ordinaire.

Les nègres anthropophages obéissent-ils au même goût en préférant la chair blanche à celle de l'homme noir ?

Les herbivores mangent plus volontiers le fourrage aspergé d'eau salée ou même d'urine.

Le sel est un antiseptique par excellence, et nous avons vu souvent des pestes bovines ou ovines s'arrêter lorsqu'on soumettait les animaux au régime salé, qui leur rend l'embonpoint, le poil brillant, la force et la santé.

En médecine, il serait utile d'employer le sel à certaines doses, à l'extérieur, pour panser les plaies ; à l'intérieur, dans toutes les maladies avec tendance à la putridité.

EXEMPLE D'ALIMENTATION INSUFFISANTE.

« La force de travail qu'un homme peut dépenser tous les jours, dit Liebig (2), se mesure par la quantité des par-

(1) Cyr, *ouvr. cité*, p. 133.
(2) *Nouvelles lettres sur la chimie*, trad. de Gerhardt, p. 130. Paris, 1852.

lies plastiques qu'il consomme dans le pain et la viande... »
« Aucun aliment, ajoute-t-il (*ouvr. cité*, p. 202), n'agit aussi
rapidement que la viande elle-même pour reproduire de la
chair, pour réparer, par une aussi faible dépense de force organique, la substance musculaire dépensée par le travail.....
Les animaux carnivores sont en général plus forts, plus har-
dis, plus belliqueux, que les herbivores qui deviennent leur
proie » (*ouvr. cité*, p. 241).

Il ne sera pas sans intérêt de citer quelques exemples qui
démontrent, de la manière la plus péremptoire, la bonne influence qu'exerce sur les forces de l'homme un régime mixte
ou de viande convenablement associée aux végétaux.

630 ouvriers, employés dans un établissement industriel du
département du Tarn, furent pendant plusieurs années nourris surtout d'aliments végétaux, et l'on remarqua alors que la
caisse de secours, ayant pour objet de fournir à l'ouvrier malade la moitié de son salaire habituel, était toujours en perte.
M. Talabot ayant introduit la viande de boucherie dans le
régime alimentaire, l'état sanitaire des travailleurs s'améliora
considérablement, à tel point que chacun d'eux qui, autrefois,
perdait en moyenne, pour cause de fatigue ou de maladie,
quinze jours de travail par an, n'en perdit plus que trois. La
nourriture animale fit gagner douze journées de travail par
homme.

Lorsque la compagnie adjudicataire du chemin de fer de
Paris à Rouen chargea, en 1841, des ingénieurs anglais de l'établissement de la voie, un grand nombre d'ouvriers passèrent,
à leur suite, d'Angleterre en France. Alors on put facilement
remarquer combien, relativement aux ouvriers français, les
Anglais étaient plus rapides dans leur travail. Ceux-là ne faisaient communément, dans un temps égal, que les deux tiers

de l'ouvrage exécuté par les Anglais. A quoi tenait cette infé-
riorité? Les ingénieurs en saisirent la cause. Ils mirent les ouvriers français au régime alimentaire des ouvriers anglais, et,
de ce moment, l'égalité s'établit sur tout l'ensemble du travail.
Pour cela, il ne fallut que substituer l'usage du roastbeef, ou
bœuf rôti, au bouilli, aux soupes et aux légumes dont se nourrissent presque exclusivement les ouvriers français.

Des capitalistes anglais établirent, en 1825, aux carrières de
Charenton, près de Paris, une usine à fer d'après la méthode
anglaise. Comme il fallait, dans certaines opérations, un dé-
ploiement de force que l'on ne pouvait obtenir des Français,
on fit venir des ouvriers anglais. En cédant à cette nécessité,
les directeurs de l'établissement pensèrent, avec raison, que la
faiblesse des Français tenait à une alimentation incomplète;
ils prirent, en conséquence, des mesures pour qu'ils pussent
manger de la viande en aussi grande quantité que les ouvriers
anglais, et, six mois après, ceux-ci retournaient chez eux,
laissant des Français vigoureux pour les remplacer.

Dans l'État de Géorgie et la Louisiane, le nègre fait quatre
repas par jour, dont deux avec de la viande. Ce régime forti-
fiant développe une telle puissance de travail, que les Antilles,
où l'ouvrier noir est surtout nourri de végétaux, ne peuvent
plus soutenir la concurrence de leurs voisins de l'Amérique du
Nord, pour tous les produits qui exigent beaucoup de main-
d'œuvre, comme le coton (1).

Le défaut de viande dans le régime porte une atteinte fâcheuse non-seulement aux activités physiques de l'homme,
mais encore à ses facultés supérieures. C'est à propos d'un pareil régime que Haller (2) dit : « *Sæpe tentavi ob podagram...*

(1) Fleury, *Cours d'hygiène*, t. II, p. 125.
(2) *Elementa physiologiæ*, t. VI, p. 199. Bernæ, 1764.

*semper sensi debilitatum universum corpus, ad labores, ad Ve-
nerem inertius.* » Nul doute que, chez des populations entières
qui ne font pas usage de viande, on ne constate moins de vi-
gueur corporelle, mais aussi moins d'énergie morale. « Que
de grands faits dans la vie des nations, auxquels les historiens
assignent des causes diverses et complexes, et dont le secret
est au foyer des familles! Voyez l'Irlande, et voyez l'Inde!
L'Angleterre régnerait-elle paisiblement sur un peuple en dé-
tresse, si la pomme de terre, presque seule, n'aidait celui-ci
à prolonger sa lamentable agonie? Et par delà les mers, cent
quarante millions d'Hindous obéiraient-ils à quelques milliers
d'Anglais, s'ils se nourrissaient comme eux?

« Les brahmes, comme autrefois Pythagore, avaient voulu
adoucir les mœurs; ils y ont réussi, mais en énervant les hommes. » (Longet.)

LA MISÈRE.

« Au fond, la misère n'est qu'un manque de matière qui s'exprime indirectement par un manque d'argent. Oui, le manque
d'argent est, dans un certain sens, une question secondaire.
En effet, la matière ne peut pas manquer à l'entretien des
plantes, des animaux et de l'homme; telle est la conséquence
grandiose que nous tirons de l'indestructibilité de la matière
et de l'éternelle circulation de la vie liée à la matière.

» La terre est excessivement riche en subtances inorganiques
dont nous ne pouvons nous passer pour organiser la matière.
Elles sont dans l'écorce du globe; il en resterait encore plus
du double quand tout l'azote, tout le carbone et tout l'hydrogène seraient entrés dans des combinaisons organiques et, par
suite, auraient revêtu des formes organisées. Puisque nous

savons que tout animal est une source de nourriture pour les
végétaux, et que toute plante contient les éléments du sang des
animaux, il est clair que les plantes ne peuvent pas supprimer
les animaux, ni les animaux les plantes.

» N'est-ce pas une conséquence forcée, que la science doive
arriver à indiquer une répartition de la matière qui ne per-
mettra plus la misère, si l'on entend, par ce mot, l'impossibilité de satisfaire ses besoins? Il y a des sels en quantité excessive, nous n'avons qu'à les extraire en fouillant les entrailles
de la terre qui contient de grandes veines d'ostéolithe. Les
combinaisons organiques, l'albumine, la graisse et le sucre
sont éternelles, puisque la plante les prépare avec des corps
simples, qui sont eux-mêmes éternels, tandis que l'animal ne
consomme que de l'albumine, du sucre et de la graisse pour
les rendre au règne végétal sous forme d'ammoniaque, d'acide
carbonique et d'eau.

» Aussi le devoir le plus sacré du savant est-il d'analyser les
terres, les pierres, les plantes et les animaux, afin d'apprendre
à apprécier toujours mieux les rapports de la répartition. Rien
ne doit, rien ne peut lui ôter le courage de suivre la voie qui,
à chaque pas, présente des récompenses que ne peuvent cor-
rompre ni le doute des oisifs, ni le dédain des croyants fana-
tiques, qui s'imaginent pouvoir séparer la force de la matière,
ni l'impatience des utopistes, qui veulent *atteindre le but avant
de trouver la route.* Une répartition raisonnable de la matière,
voilà ce qu'il faut enseigner ! Voilà ce que réclame l'agriculteur,
ce que réclame le médecin, ce que réclame le politique, ce que
réclame le pauvre, quand il comprend les causes de ses privations et de ses souffrances. Les savants préparent très-active-
ment la solution de la question sociale, qui sans doute peut
bien se révéler, comme un besoin, par des prises d'armes, se

dévoiler, à titre de question pendante, mais que jamais, au grand jamais, on ne résoudra par ces moyens. La solution est dans la main du savant que dirige avec certitude l'expérience. Le fruit de l'arbre de la science, c'est le besoin ; mais, au fond du besoin, il y a en germe la puissance qui doit le satisfaire. Le savoir est la puissance invincible ; c'est la puissance de la paix. La science n'est pas seulement la plus belle récompense d'une vie digne de l'homme, elle en est aussi le fondement le plus large (1). »

A ces belles paroles de Moleschott, nous ajouterons comme conclusions celles de Leydig :

« De même que chaque muscle, chaque nerf, chaque portion de tissu participe, dans l'économie animale, aux transmutations de matières qui s'y opèrent, il exerce sa part d'influence sur la continuation régulière des principales fonctions ; sur la digestion, sur la sanguification, sur la formation des sécrétions, ainsi que sur les mouvements des membres, sur l'activité des sens et du cerveau ; il faut que chaque individu de la société contribue pour sa part, dans la mesure de ses forces, de ses membres, de ses muscles et de son intelligence, à la restitution et à la conservation des éléments vitaux du corps social. L'action de ces forces, c'est le travail. »

Ainsi, comme le remarque Herbert Spencer, les forces sociales se trouvent en corrélation avec les autres forces physiques de l'univers : rien ne se crée, rien ne se perd. L'équilibre social naturel résulte de l'équivalence entre la matière et le travail, suivant la même loi primordiale qui maintient l'équilibre vital chez les animaux par l'équivalence entre le travail et l'alimentation.

(1) Moleschott, *ouvr. cit.*, t. II, p. 232 et suiv.

CHAPITRE VII

PHOSPHORE — PHOSPHURES — PHOSPHITES — PHOSPHATES

1° Nous avons vu que le phosphore ou les phosphures dé-
composables par les acides de l'estomac, ne pouvaient pas,
même à faibles doses, être administrés sans danger, lorsque
le système nerveux exigeait une secousse critique favorable.
A *fortiori*, est-il inadmissible que l'on puisse songer à le
donner comme élément reconstituant de l'organe cérébral
même? En supposant que de graves accidents ne résultassent
pas de sa transformation dans l'économie en acide phosphorique ou en hydrogène phosphoré, son action, quelle que soit
sa division, s'éloignera toujours de la nature, qui emploie
pour développer, maintenir ou réparer les tissus, une activité
considérable comme mouvement, mais agissant moléculairement et successivement sur une matière infiniment divisée.
Sans cette prévoyance de la force initiale, le trouble et la
perturbation régneraient dans les phénomènes d'organisation, de combustion ou de décomposition végétales et
animales.

2° Les phosphates solubles ou insolubles, acides ou alcalins,
introduits dans l'économie par l'alimentation ou les préparations pharmaceutiques, peuvent-ils remplacer moléculai-

rement le phosphore oxydé pendant la combustion cérébrale des matériaux charriés par le sang?

Nous n'hésitons pas à répondre que non.

L'activité de la plante est en raison directe de la proportion de phosphates qu'elle doit réduire, de même que l'activité de l'animal dépend de la proportion de phosphore qu'il doit oxyder.

L'antagonisme des plantes et des animaux est absolu. Les unes réduisent l'acide phosphorique et les phosphates contenus dans le sol, soit pour les faire entrer dans de nouvelles combinaisons salines moléculaires, soit pour conserver une certaine proportion de phosphore à l'état minéral moléculairement combiné à la substance albuminoïde.

Les autres, au contraire, ne réduisent rien, ils oxydent. Les matériaux contenus dans le sang et les tissus sont successivement brûlés, usés, éliminés par des voies prévues, en prenant à l'oxygène introduit dans les capillaires généraux où la combustion s'effectue, leur maximum d'oxydation ; de telle sorte que l'animal rend au végétal les éléments que ce dernier retrouve secondairement dans le sol pour une nouvelle réduction, comme il les avait trouvés primitivement.

La loi est inflexible.

Les corps possédant leur maximum d'oxydation ne subissent aucun autre changement dans les corps animaux que les doubles décompositions, ou simplement des modifications de quantité d'acide, comparé à une autre quantité de base. Le phosphate tribasique de chaux, par exemple, sous l'influence de l'acide carbonique du sang, peut bien devenir du phosphate bibasique ou du phosphate acide de chaux, mais la proportion d'oxygène reste invariable. Ce sont de simples mouvements que la nature emploie pour rendre, à un moment donné, selon les besoins de l'organisme ou de l'élimination des produits usés, certains corps solubles ou insolubles dans les divers liquides de l'économie (1).

Le fer, le phosphore, le soufre, le fluor, doivent être fournis par les aliments sous une forme moléculaire telle, qu'ils deviennent disponibles, seulement quand l'oxydation animale l'exigera. *Jamais, au grand jamais, dans la série animale, l'acide phosphorique ne reproduira le phosphore, pas plus que l'urée ne reproduira l'albumine, ou l'acide carbonique le carbone.* Si l'animal pouvait opérer un pareil mouvement chimique contraire au principe même de sa vie, le rôle des plantes serait supprimé.

Le carbone et l'hydrogène du sang produisent en brûlant la chaleur qui, à l'aide du soufre de la fibrine musculaire, détermine le mouvement, et du phosphore de l'albumine des cellules cérébrales et des nerfs, engendre la pensée et les sensations. L'acide carbonique ou les carbonates, l'acide sulfurique ou les sulfates, l'acide phosphorique ou les phosphates, ne possèdent à aucun degré le pouvoir calorifique pour réaliser le même but. Nous remarquerons en outre que la chaleur de transformation du phosphore en acide phosphorique est beaucoup plus élevée que celle du soufre en acide sulfurique. La pensée est donc, *outre la cause inconnue,* un degré calorifique plus élevé et plus instantané que celui nécessaire au mouvement.

Ainsi, les végétaux fixent dans leurs tissus le carbone,

---

(1) Nos observations ne comprennent évidemment pas les phosphates qui servent soit de véhicule à un autre corps principal, le fer, par exemple, dans certaines formes de chlorose ou d'anémie ; soit d'éléments reconstituants, lorsque le rachitisme ou la tuberculisation atteignent des tissus riches non en phosphore, comme le cerveau et les nerfs, mais en phosphates, comme les tissus osseux ou cartilagineux.

l'oxygène, l'azote, l'hydrogène, des sels et des métaux ; leur rôle spécial est de fabriquer l'albumine et de réduire les éléments minéraux du sol et de l'air.

Les animaux, au contraire, détruisent les combinaisons opérées par les plantes, et quand la quantité d'oxygène indispensable pour une combustion complète n'est pas proportionnelle au combustible employé, ils fixent de la graisse, chaleur potentielle, dans leurs tissus, comme une sorte de réserve calorifique, soit pour obvier au défaut d'aliments, à un moment donné pendant la vie, soit pour opérer la décomposition finale, après la mort.

Les phosphites et les hypophosphites sont oxydables. Introduits dans le sang, sous l'influence de la chaleur et en présence du chlorure de sodium et de l'eau, ils se transforment en acide phosphorique, qui, à son tour, devient phosphate de soude, de potasse, de chaux ou de magnésie. Mais les hypophosphites solubles ne sont pas complétement sans danger, car ils peuvent parfois, comme les phosphures, produire dans le sang une certaine proportion d'hydrogène phosphoré au moment de leur suroxydation en phosphates neutres ou alcalins.

On doit appliquer aux composés phosphorés, qui empruntent au sang la quantité d'oxygène nécessaire pour atteindre leur maximum de combustion, ce que nous avons dit du phosphore et des phosphures. Outre l'impossibilité des doses élevées, l'activité de ces corps décomposés immédiatement par les acides de l'estomac, intervient dans les fonctions, sans que le besoin s'en fasse sentir (1), et interviendrait-elle utilement pendant le travail, qu'elle s'éloignerait encore des

---

(1) Il suffit de prendre 2 ou 3 milligrammes d'un phosphure minéral pour déterminer de nombreuses éructations d'hydrogène phosphoré.

voies employées par la nature, qui, nous le répétons, produit toujours le maximum d'activité avec un minimum de matière, *successivement et seulement au moment et au point physiologiques*.

SUBSTANCES NATURELLES PHOSPHORÉES.

Les plantes fabriquent les matières contenant, moléculairement combinés avec le carbone, l'azote, l'oxygène, l'hydrogène, l'albumine en un mot, des proportions variables de soufre, de fer, de fluor ou de phosphore. Ces matières sont destinées à remplacer celles usées et oxydées dans les tissus animaux. L'activité moléculaire des métaux qu'elles renferment n'intervenant qu'au moment même où la fonction l'exige, il devient facile de comprendre pourquoi les substances naturelles contiennent des quantités considérables de métalloïdes. Ces métalloïdes ne sont *jamais libres* qu'à l'instant où la transformation doit s'accomplir. Les molécules de phosphore, par exemple, ne peuvent être oxydées que successivement, molécule par molécule, en même temps que les autres corps composant l'albumine elle-même ou les matières grasses qui le contiennent. Les substances soufrées, phosphorées, ferrées, sont animales ou végétales.

Animales, c'est-à-dire provenant de tissus morts, plus ou moins altérés et semblables à ceux qu'elles doivent remplacer dans l'organisme vivant. Végétales, c'est-à-dire provenant de toutes les plantes qui trouvent dans le sol, sous une forme quelconque, le métal dont l'animal herbivore ou carnivore a besoin pour ses tissus, et qui doit, avec le soufre, former la fibrine des muscles; avec le fer, la globuline du sang; avec le fluor, les os; avec le phosphore, le cerveau et les nerfs. L'animal vit parce que la plante végète. La plante est la résultante des éléments composant le sol où elle est fixée, comme l'herbivore est la résultante des plantes dont il se nourrit, ou l'omnivore de la plante et de l'herbivore.

Donc : « tel sol, tel animal, » telle nourriture, telle pensée ; « Dis-moi ce que tu manges, je te dirai ce que tu es. »

Ainsi, par sa tige, la plante réduit l'acide carbonique de l'air, met l'oxygène en liberté, et fixe le carbone et l'azote ; par ses racines, elle décompose l'ammoniaque, les acides phosphoriques, sulfuriques, fluo-siliciques, l'oxyde de fer ; elle s'assimile les phosphates divers et les sulfates neutres ou alcalins de potasse, de soude, de magnésie, de chaux, que la nature a répandus avec profusion sur la terre. Elle fabrique sans relâche, pour l'animal, le carbone et l'hydrogène (matières amylacées), qui doivent maintenir sa chaleur ; les substances phosphorées pour ses nerfs et son cerveau ; celles soufrées, ferrées, fluorées, pour ses muscles, son sang, ses os.

Elle concentre enfin, sous une forme alimentaire, les phosphates et les sulfates nécessaires à tous ses tissus.

L'animal est bien réellement « attaché à la glèbe. » Si la plante cessait de produire, l'animal brûlerait ses propres tissus, se résorberait, et mourrait.

Sans forêts, pas de sources ; sans sources, pas de prairies, pas de fourrages ; sans fourrages, pas d'herbivores ; sans herbivores, pas de carnivores, pas d'hommes. Tel est le cycle fatal.

La chaleur, le travail cérébral, le travail musculaire sont absolument proportionnés au sol qui produit la nourriture.

CHAPITRE VIII

L'expérience prouve que la formation des matières albuminoïdes dans les graines est subordonnée à l'existence des phosphates dans le sol. Le cerveau ne se forme pas sans le phosphore.

On peut dire alors que la formation des cellules et des fibres nerveuses dérive de l'existence du phosphore dans les graines.

Donc, l'activité cérébrale est proportionnelle à la quantité de phosphates contenus dans le sol.

Aussi, la nature a-t-elle répandu l'acide phosphorique et les phosphates en masses énormes sur la terre.

Tel sol, telle pensée.

Deux éléments principaux caractérisent le cerveau au point de vue chimique.

La cholestérine, corps gras fixe, dont le défaut de proportion paraît conduire aux névroses et à la folie, comme la diminution du second, le phosphore, mène droit à la paralysie générale progressive et au ramollissement.

Phosphore et cholestérine sont corrélatifs; on ne peut pas plus les séparer que l'organe de la fonction.

La cholestérine est fabriquée par le cerveau lui-même ; or, pas de cerveau ni de fonction sans le phosphore.

Il faut donc un aliment phosphoré.

Le système nerveux joue dans les corps animaux le rôle de réservoir de phosphore.

Quand la proportion de ce métalloïde, versée par l'alimentation et charriée par le sang, devient insuffisante, la fonction cérébrale ne cesse pas pour cela ; la réserve phosphorée supplée à cette rupture d'équilibre momentanée entre la perte et la réparation.

Le phosphore est pour le cerveau ce qu'est le soufre pour le muscle et le carbone pour la chaleur.

L'alcool pris avec excès finit par dissoudre la cholestérine et produit la folie ; de même que le sulfure de carbone dissout le phosphore et produit le ramollissement de l'organe.

Un fait qu'on ne discute plus aujourd'hui, c'est que le mode de conscience varie selon la matière ingérée.

Le café développe la puissance artistique du cerveau ; l'eau-de-vie la capacité sentimentale.

L'homme nourri de graisse et de viande ne pense pas comme celui nourri de légumes et de lait.

Pour être complet, un aliment doit contenir : 1° des matières azotées ; 2° des matières grasses ou amylacées ; 3° des sels inorganiques en proportions convenables ; 4° le métal ou le métalloïde spécial à tout un groupe de tissus ; 5° de l'eau.

La division élémentaire se répartit ainsi :

1° Les aliments musculaires et osseux, contenant de l'albumine, du fer, du soufre, du fluor, des phosphates de chaux, de potasse, de magnésie.

2° Les aliments nerveux, contenant de l'albumine, du phosphore, du phosphate de soude.

3° Les aliments calorifiques, contenant les matières ternaires ; sucres, graisses, amylacées,

4° L'eau est un condiment principal, le sel marin ou chlorure de sodium.

Dans les pays où manque le fer, les habitants sont prédisposés à la chlorose ; le défaut de phosphate de chaux conduit au ramollissement des os ; de phosphate de potasse et de soufre, à l'atrophie musculaire ; de phosphore, à l'atonie générale, à la faiblesse intellectuelle, organique, à l'impuissance et à la stérilité.

L'insuffisance d'iode dans les eaux produit le goître ; comme celle de chlorure de sodium, les scrofules, les maladies putrides ou miasmatiques, et la phthisie. Nous ne nous occuperons désormais que de l'alimentation nerveuse.

Pour le cerveau du penseur, comme pour les muscles du travailleur, le travail accompli ou à accomplir est exactement proportionnel à la nourriture, sous peine de combustion anormale, de désorganisation lente de l'organe et d'abolition de la fonction.

La viande constitue l'aliment complet du muscle, dont elle a tous les principes immédiats.

Il fallait trouver, pour le cerveau et les nerfs, un équivalent nutritif en rapport avec leur composition et l'activité extrême qu'à notre époque, l'intelligence et les sens surmenés impriment à la rapidité de la consommation phosphorée.

Pour le cerveau comme pour le muscle, quand le penseur travaille à jeun, il brûle sa réserve de matières phosphorées, de même que l'ouvrier la réserve de graisse emmagasinée dans ses tissus.

Nous savons que la déplétion des vaisseaux à jeun rend l'absorption plus complète et favorise le fonctionnement de l'organe en travail, et que, contrairement, leur réplétion et un estomac surchargé de nourriture alourdit toutes les fonctions,

En hygiène générale, il faut éviter l'oxydation incomplète de cette énorme accumulation gastrique qui pousse à
l'embonpoint, à l'acide urique, et par suite aux congestions
cérébrales et à la goutte.

Principalement en ce qui concerne l'hygiène spéciale du
cerveau, dont la fonction exige une puissante élasticité, l'indication de l'aliment cérébral sous un petit volume devient
absolue, et la nourriture particulière du cerveau et des nerfs
ne doit pas sensiblement accroître la proportion des autres
aliments.

La cervelle et le sang des animaux seraient pour les nerfs
ce qu'est leur chair pour les muscles.

Malheureusement, si, d'un côté, une notable partie de
la matière phosphorée animale subit, après la mort, une
suroxydation (acide phospho-glycérique, Fremy, Liebreich)
qui, donnés seuls, les rend impropres à cette alimentation spéciale ; de l'autre, il ne faut pas songer, dans le
régime ordinaire, à manger la cervelle fraîche crue, ou à
boire le sang chaud sortant de l'artère ; enfin, la cuisson
et les diverses préparations culinaires exercent aussi leur
fâcheuse influence sur la composition chimique indispensable
de ces aliments phosphorés.

LE SANG.

Le sang artériel représente l'aliment le plus complet, mais
à la condition de le boire à sa température normale, au moment où il jaillit de l'artère.

Son usage constitue une ressource thérapeutique puissante
pour relever un organisme profondément débilité, car on
peut communiquer au sang de l'animal, de même qu'à son
lait, par une alimentation appropriée, toutes les propriétés

médicamenteuses du fer, du soufre du phosphore, des sels divers, de l'iode, etc.

1° Le corps d'un adulte de 80 kilogrammes contient environ 12 kilogrammes de sang et 6 grammes de fer métallique.

2° Un millimètre cube de sang humain renferme 4 millions à 5 050 000 de globules.

3° Les globules desséchés perdent 68 pour 100 d'eau, et il reste 32 pour 100 de matières solides.

4° Dans le stroma, ou parenchyme globulaire, existe, comme dans le parenchyme de l'ovaire chez la femme, du testicule chez l'homme, etc., une matière grasse phosphorée.

5° Tous les tissus, tous les sels organiques et inorganiques du corps, sont représentés dans le sérum, le caillot ou les globules du sang :

Caillot. . . .	fibrine. .		3
	globules.	hématosine. .	2
		stroma. . .	125
Sérum. . . .	eau. . .		790
	sels, gaz, matières grasses . . .		10
	albumine. . .		70
			1000

(Dumas.)

MATIÈRE PHOSPHORÉE ET CHOLESTÉRINE.

Une grande partie de la substance du stroma est formée par une matière grasse phosphorée, capable, lorsqu'on la fait bouillir avec de l'eau de baryte, de se transformer en névrine et en acide phospho-glycérique. Cette réaction est semblable à celle que produit une substance très-abondante dans le tissu nerveux, la lécithine. Hermann fait remarquer que le stroma des globules du sang se comporte de la même manière que la matière phosphorée extraite du cerveau en présence des dissolvants, éther, chloroforme, alcool, et conclut à leur identité.

On extrait la matière phosphorée avec le sang défibriné, ou

mieux encore avec les globules préparés d'avance. On traite ces derniers, déposés sous forme de bouillie aqueuse, par une quantité d'éther suffisante pour obtenir deux couches superposées. On chauffe doucement l'éther ; on décante, et l'on répète plusieurs fois ce traitement. On réunit les solutions éthérées, et on les évapore lentement. On obtient une masse cristalline qui renferme des traces de matières grasses, de longs cristaux de cholestérine, de fines aiguilles de matière phosphorée et quelques-uns de ses produits de décomposition. On purifie la lécithine en la traitant successivement par l'eau, puis par l'éther froid, dans lequel elle est presque insoluble. Le résidu dissous dans l'alcool à 50 degrés se dépose en cristaux par le refroidissement.

Hermann n'a pas trouvé de lécithine dans le sérum. D'après Hoppe Seyler, en traitant le dépôt aqueux des globules par l'éther, on obtient trois couches : une inférieure aqueuse, une supérieure éthérée et une moyenne qui contient la cholestérine et la matière phosphorée. On enlève la cholestérine à cette couche intermédiaire en la lavant plusieurs fois avec de l'éther froid qui ne dissout pas sensiblement la matière phosphorée. Le résidu est épuisé par l'alcool, la dissolution évaporée à sec ; le nouveau résidu est repris par l'alcool absolu, filtré, évaporé à sec, agité encore avec de l'eau. La quantité de phosphore dosée dans la matière qui reste, sert à calculer la quantité de matière phosphorée, c'est-à-dire de lécithine. Lorsque Hoppe Seyler entreprit les recherches précédentes, on croyait à l'existence du protagon dans l'économie. Il a calculé les résultats avec la formule de M. Liebreich, et les a résumés dans le tableau suivant. On sait aujourd'hui que le protagon est une combinaison cristallisée artificielle, résultant d'un mélange de cérébrine et de lécithine,

CHOLESTÉRINE	QUANTITÉ DE SANG	DANS LES GLOBULES			DANS LE SÉRUM		
		Résidu fourni par l'éther.	Cholestérine qu'il renferme.	Cholestérine dans 100 cc. de sang.	Résidu fourni par l'éther.	Cholestérine qu'il renferme.	Cholestérine dans 100 cc. de sang.
	cc.	gr.	gr.	gr.	gr.	gr.	gr.
I. De deux jeunes oies très grasses...	280	0,3277	0,1198	0,043	non déterm.	0,6548	0,234
II. Idem	320	0,5905	0,1670	0,052	10,0735	1,0050	0,314
III. D'une oie adulte très-grasse	196	0,2240	0,0775	0,040	0,4710	0,0375	0,019
IV. Idem	146	0,1685	0,0887	0,060	0,2437	0,0510	0,019
V. Du sang d'un bœuf	300	0,2202	0,1440	0,048	»	»	»

PROTAGON (LÉCITHINE)	QUANTITÉ DE SANG	DANS LES GLOBULES			DANS LE SÉRUM		
		Protagon.	Protagon + cholestérine.	Résidu de l'éther.	Protagon.	Protagon + cholestérine.	Résidu de l'éther.
	cc.	gr.	gr.	gr.	gr.	gr.	gr.
I. Jeune oie	280	0,2265	0,3463	0,3227	1,2638	1,9186	»
II. Idem	320	0,5250	0,0620	0,5905	0,8957	1,9007	10,0735
III. Oie adulte	196	0,2055	0,2820	0,2240	0,1307	1,1682	0,4710
V. Idem	146	0,0795	0,1665	0,1685	0,0560	0,1070	0,2437
V. Bœuf	300	0,0950	0,2390	0,2202	»	»	»

MAMELLES.

Les mamelles sont deux glandes en grappes composées, rudimentaires chez l'homme, très-développées, au contraire, chez la femme, et qui, après l'accouchement, secrètent le lait.

Elles sont formées de lobes, divisés en lobules constitués eux-mêmes par des vésicules glandulaires de $0^{mm},1$ à $0^{mm},15$ de largeur. Les canalicules excréteurs se réunissent pour former les canaux galactophores, au nombre de douze, qui, après s'être renflés en produisant les sinus lactifères, s'ouvrent dans le mamelon par un orifice de $0^{mm},6$ à $0^{mm},4$ de largeur.

En dehors de la lactation et de la grossesse, la mamelle ne contient qu'une petite quantité d'un mucus jaunâtre avec un certain nombre de cellules épithéliales ; elle est tapissée intérieurement d'épithélium pavimenteux. Après la conception, les cellules des vésicules glandulaires se remplissent de graisse. Celles qui se produisent à la fin de la grossesse repoussent les anciennes, qui s'altèrent, et forment des globules graisseux. Lorsque, après l'accouchement, la lactation commence, les liquides accumulés jusque-là dans les canaux et les vésicules glandulaires sont chassés au dehors sous le nom de colostrum, pour être remplacés par du lait véritable dans l'espace de trois à quatre jours.

LE LAIT.

Ainsi que le sang, la réaction normale du lait est légèrement alcaline.

Au contact de l'air, souvent quand la température s'élève, elle devient acide par la décomposition de la lactose en acide lactique , et aussi, de même que le sang, la cervelle et la chair des animaux morts, par la transformation du protagon en acide phospho-glycérique.

Pour que le lait jouisse de toutes ses propriétés alimentaires, il doit être pris chaud, au sortir de la mamelle. Le lait des villes est souvent falsifié, rarement de bonne· qualité et frais.

Les substances qui entrent dans sa composition sont des matières grasses ordinaires et phosphorées, des matières albuminoïdes (caséine), de la lactose ou sucre de lait, de l'eau et des sels, surtout le phosphate de chaux.

Les globules du lait, comme les globules du sang, contiennent le protagon ; *leur enveloppe extérieure*, également de nature albuminoïde, reste inaltérée, si on l'agite avec l'éther.

Une légère addition de potasse ou de soude détruit cette enveloppe et permet alors aux matières grasses contenues dans les globules de se dissoudre dans l'éther.

Composition générale du lait.

	Femme.	Vache.
Eau	88,36	84,28
Beurre	2,53	4,38
Caséine et globules	4,43	5,24
Lactose	4,42	3,50
Sels	0,26	2,60
	100,00	100,00

Le lait des animaux qui nourrissent est d'autant plus riche en globules et en matières grasses phosphorées, qu'il est plus rapproché de l'expulsion du fœtus.

LES OEUFS.

Les œufs de tous les animaux, surtout ceux des animaux à sang froid, des poissons et des reptiles, contiennent une forte proportion de matières grasses phosphorées et de cholestérine.

Analyse du blanc d'œuf, par Lehmann.

Eau	866,84
Éléments solides	133,16
Albumine	122,74
Matière extractive	3,82
Sels inorganiques	6,60

Analyse des cendres du blanc d'œuf.

Chlorure de sodium	9,16
— de potassium	21,92
Soude	5,12
Potasse	2,36
Acide phosphorique	4,83
— carbonique	11,60
— sulfurique	1,40
— silicique	0,49
Oxyde de fer	0,34
Chaux	1,74
Magnésie	1,60
Fluor	traces.

Analyse du jaune d'œuf, par M. Gobley.

Eau	514,86
Éléments solides	485,14
Vitelline	157,60
Palmitine et oléine	213,04
Cholestérine	4,38
Graisse phosphorée	84,26
Lécithine	
Cérébrine	3,00
Matière extractive	4,00
Pigment	5,53
Chlorure d'ammonium	0,34
Chlorures de sodium et de potassium	
Sulfates et phosphates alcalins	2,77
Phosphates terreux	10,22

Cendres du jaune d'œuf.

Acide phosphorique	67,80
Potasse	8,93
Soude	6,99
Chaux	12,21
Magnésie	2,07
Oxyde de fer	1,45
Silice	0,55

A leurs diverses périodes d'incubation les œufs présentent une composition différente, établie par J. C. Parke, de Tubingue.

Les œufs trop vieux subissent la fermentation comme la cervelle, le sang, le lait, etc. La matière phosphorée se transforme en acide phospho-glycérique.

	JAUNES de trois œufs frais.	JAUNES de deux œufs, au 10e jour de l'incubation.	JAUNES de deux œufs, au 17e jour de l'incubation.
Jaune entier...	43,5570	35,9400	22,3705
Extrait éthéré...	13,3594	8,5611	7,9230
Cholestérine...	0,7450	0,4603	0.3269
Acides gras...	11.0452	7,0300	6,6023
Protagon...	7,4144	4.8552	4,0225
Extrait alcoolique...	2,0541	1,4517	1,0104
Acides gras...	1,2554	0,8491	0,6146
Protagon...	4,2690	2,8821	2,0944
Sels solubles...	0,1503	0,1032	0,9620
Eléments albuminoïdes...	6,6504	5,1037	3,1188
Sels insolubles...	0,2604	0,2242	0,2033
OU POUR CENT :			
Extrait éthéré...	31,391	23,542	35,417
Cholestérine...	1,750	1,281	1,461
Acides gras...	25,953	19.560	29,513
Protagon...	17,422	13,509	17,981
Extrait alcoolique...	4,826	4,039	4,516
Acides gras...	2,949	2,332	2,746
Protagon...	10,031	8,019	9,362
Sels solubles...	0,353	0,287	0,430
Eléments albuminoïdes...	15.626	14,201	13,942
Sels insolubles...	0,612	0,623	0,908
Somme des éléments solides...	52,808	42,692	55,213

Le tableau suivant établit la proportion de phosphore et de soufre contenue dans la matière albuminoïde spéciale de chaque œuf.

Nous y joignons la composition de l'épongine.

	POULE.	CARPE.	SAUMON, RAIE.	TORTUE.	ÉPONGES.
	—	—	—	—	—
	Vitelline.	Ichthydine ou ichthyline.	Ichthine.	Émydine	Épongine.
Carbone.	52.26	52,50	51,00	49,40	46,51
Hydrogène.	7,24	8,00	6,70	7,40	6,31
Azote.	15,08	15.20	15,00	15,60	16.15
Oxygène.	24,20	22.70	25,40	25,10	27,35
Soufre.	0,80	1,00			0,50
Phosphore.	0,42	0.60	1,90	2,50	1,90
Iode.	.....	.....	.....	.....	1,08
	100,00	100,00	100,00	100,00	100,00

(FREMY.)

Tous ces corps offrent une grande analogie avec le protagon. Comme lui, ils paraissent formés d'une substance albuminoïde analogue à la cérébrine, et d'une matière phosphorée semblable à la lécithine.

Ils laissent après incinération une quantité d'acide phosphorique et sulfurique proportionnelle à celle de phosphore et de soufre indiquée.

Ces corps se présentent sous forme de grains plus ou moins volumineux ; ils sont tous insolubles dans l'eau, l'alcool et l'éther. Leur préparation à l'état de pureté devient ainsi extrêmement facile.

La soude, la potasse, les alcalis concentrés, les dissolvent lentement, et paraissent agir sur eux comme sur les cellules ou les globules. *Ils ont donc aussi une membrane d'enveloppe.*

Pour compléter l'analogie, l'acide chlorhydrique bouillant les dissout complétement, et longtemps exposés à l'air, leur réaction devient lentement acide.

En résumé, ce qui ressort clairement de l'examen que nous venons de faire. c'est que le sang, le lait et les œufs renferment des matières grasses phosphorées en proportions variables, à peu près isomériques avec celles du cerveau et de la chair; altérables par l'action de l'air, et tout à fait insolubles dans l'eau.

Selon la quantité de matière phosphorée qu'ils contiennent, les aliments peuvent être classés dans la progression suivante :

1° Les plantes aqueuses et fourragères, croissant sur un sol pauvre en phosphates.

2° Les œufs d'oiseaux.

3° Le lait.

4° Les œufs de poissons d'eau douce.

5° Les graines de légumineuses.

6° Les œufs de poissons de mer.

7° Les œufs de reptiles.

Nous n'avons pas cité la cervelle et le sang des animaux herbivores et carnivores pour les motifs qui ont été exposés précédemment.

Les matières albuminoïdes se dissolvent dans le suc gastrique après avoir subi des changements successifs et s'être transformées en substances isomériques solubles, découvertes d'abord par Mialhe et décrites par lui sous le nom d'*albuminose*, et ensuite par Lehmann sous celui de *peptone*. Le gluten et les matières albuminoïdes végétales se dissolvent plus rapidement que les matières albuminoïdes d'origine animale.

Le sel marin a la propriété d'activer considérablement cette transformation, en excitant la muqueuse stomacale.

Les substances animales, qui, au nombre de leurs éléments, contiennent du phosphore, sont insolubles dans l'eau, et solubles quand elles proviennent des végétaux.

Les premières sont moins digestibles que les secondes,

et conviennent moins, soit à l'alimentation courante du cerveau, soit au régime alimentaire, pendant les maladies.

Les corps gras des œufs, du lait, de la cervelle etc., sont lourds à digérer. L'usage de beaucoup de sel marin est indispensable afin de favoriser la production des sucs gastriques et intestinaux. Les matières amylacées et ligneuses, que renferment les graines des légumineuses et des céréales, produisent à peu près le même effet sur la digestion.

Il faut, en hygiène rationnelle, isoler l'aliment phosphoré spécial, quelle que soit son origine, afin d'éviter les inconvénients graves pour l'activité du cerveau que présente un estomac surchargé, et par suite une trop grande réplétion des vaisseaux.

Tout le monde sait que le travail de la pensée est impossible après un repas copieux, ou qu'en tout cas on ne produit rien de bon.

CHAPITRE IX

LA LÉGUMINE.

L'albumine végétale, caséine végétale ou légumine, est insoluble dans l'alcool, l'éther, et soluble dans l'eau. On doit la préparer à une température n'excédant pas 30 à 35 degrés centigrades, afin de ne pas dénaturer les principes phosphorés. Les acides acétique, lactique, phosphorique, précipitent la caséine végétale.

Comme la caséine animale, la légumine est coagulée par la *présure* (substance extraite de la caillette de veau ou d'autres jeunes animaux, et formée de lait coagulé et de suc gastrique).

Wölcker a trouvé que 100 grammes de légumine des pois verts renferment $1^{gr},30$ de phosphore; 87 centigrammes de soufre, et laissent $1^{gr},10$ de cendres.

Celle des haricots verts $1^{gr},07$ de phosphore; 59 centigrammes de soufre et produit 71 centigrammes de cendres.

Toutes les substances végétales renferment de la légumine, mais la quantité de phosphore varie suivant les familles desquelles on l'extrait.

Composition générale de la légumine de diverses provenances.

	LÉGUMINE PURIFIÉE PAR L'ALCOOL ET L'ÉTHER.		LÉGUMINE SANS ÊTRE PURIFIÉE.	
	AMANDES.	POIS VERTS.	AVOINE.	POIS.
Carbone	50,42	49,97	50,70	50,33
Hydrogène	6,55	6,81	6,60	6,52
Azote	17,30	16,63	15,80	15,60
Oxygène	24,19	23,38	23,70	23,65
Soufre	0,32	0,33	0,80	0,76
Phosphore	1,05	1,65	2,40	2,37
Cendres	0,17	1,23	0,10	0,77
	100,00	100,00	100,00	100,00

Quand on traite la légumine une première fois par de l'acide chlorhydrique, du sulfate de magnésie et de l'ammoniaque ; une seconde fois par l'acide nitrique et du sulfate de magnésie et de l'ammoniaque : dans le premier cas, on n'obtient qu'une trace de phosphate ammoniaco-magnésien ; dans le second cas, au contraire, on en recueille une quantité considérable (1).

L'acide nitrique est un des plus puissants moyens d'oxydation que le chimiste ait à sa disposition. Il transforme le phosphore de la légumine en acide phosphorique, ce que ne fait pas l'acide chlorhydrique. Le sulfate de magnésie et l'ammo-

____

(1) Mulder, *Scheikundige onderzoekingen*, IV, 418.

niaque précipitent, dans le second cas, l'acide phosphorique
sous forme de phosphate ammoniaco-magnésien. Au contraire, ils laissent, dans le premier, le phosphore intact, et
si malgré cela il y a un précipité par l'action du sulfate de
magnésie et de l'ammoniaque, quand on traite les corps
albumineux par l'acide chlorhydrique, et non par l'acide
nitrique, cela provient de ce que tous les corps albuminoïdes
contiennent du phosphate de chaux, que l'acide chlorhydrique
dissout, et qui est alors précipité par le sulfate de magnésie
et l'ammoniaque.

Il est très-présumable que nous apprendrons un jour sous
quelles formes le fer, le soufre et le phosphore sont contenus
dans les substances organiques. En attendant, nous ne le
savons ni pour le soufre, ni pour le phosphore, ni pour le
fer (1). Seulement, ce que nous savons, c'est que le fer dans la
matière colorante du sang, le soufre et le phosphore dans les
corps albuminoïdes, n'affectent pas la forme d'une simple
combinaison avec l'oxygène.

Les différences dans la proportion de légumine phosphorée
dépendent de l'origine de la plante, c'est-à-dire du sol sur
lequel elle croit, et des circonstances générales de la végéta-
tion.

Les herbes fourragères consommées par les herbivores
doivent être prises en quantités énormes pour atteindre la
proportion alimentaire de ces animaux qui, en quelque sorte,
ne cessent jamais de manger ou de ruminer, afin de concen-
trer dans leurs tissus la nourriture de l'homme et des carnivores.

(1) Jac. Moleschott, *Physiologie des Stoffwechsels*. Erlangen, 1851.

Quantité de légumine contenue dans 100 grammes de :

	gr.		gr.
Pommes de terre	1,40	à	2,00
Igname	1,40	à	2,54
Patate	1,10	à	1,50
Arrow-root	1,58	à	1,65
Topinambour	2,30	à	3,12
Carotte	0,86	à	1,00
Thé	2,80	à	3,00
Froment, sans le gluten	4,30	à	5,40
Avoine, sans le gluten	4,80	à	5.00
Maïs, sans le gluten	5,60	à	6,00
Orge, sans le gluten	3,05	à	3,20
Riz, sans le gluten	3,80	à	4,05
Seigle, sans le gluten	3,00	à	3,20
Beurre de coco	7,68		
Cacao	9,00	à	10,00
Café	9,80	à	10,00
Glands	8,70	à	9,25

Sous le même volume que les céréales, les légumineuses contiennent environ 6 à 7 fois plus de légumine ou albumine phosphorée ; et les graines de cette dernière famille, débarassées de l'amidon et des matières grasses ou ligneuses qui rendent leur digestion lourde et pénible pour les estomacs délicats ou pour ceux dont la vie est trop sédentaire, constituent l'aliment nerveux et cérébral par excellence, préférable, à cause de sa solubilité, aux substances animales, de même nature, mais insolubles dans l'eau et par conséquent plus lentes à digérer (1).

(1) Les aliments azotés se digèrent parfaitement sans exercice, dont le but est d'augmenter la proportion ordinaire d'oxygène inspiré ; tandis que les corps gras ou amylacés exigent pour une combustion parfaite beaucoup de mouvement, c'est-à-dire beaucoup d'oxygène, sous peine de gorger de graisse les tissus de l'animal. L'hygiène alimentaire des professions sédentaires en dérive naturellement. L'estomac d'un marin, ou d'un homme de peine vivant au grand air, supportera les haricots, le pain, la graisse, le lard, tandis qu'une pareille nourriture rendrait l'écrivain incapable de tout travail cérébral assidu. Beaucoup d'aliments sous un petit volume, telle est la loi hygiénique de la pensée.

LÉGUMINEUSES.

Les graines des plantes de cette famille constituent un des aliments végétaux les plus nourrissants : elles sont plus riches en substances azotées et en matières grasses que les céréales ; leur culture est plus simple, elles ne sont pas sujettes aux maladies et sont d'un prix peu élevé.

Les substances azotées qu'on y rencontre étant différentes de celles qui se trouvent dans les céréales ; la farine des légumineuses est impropre à la fabrication du pain, à cause de l'absence du gluten. Le principe azoté particulier à ces graines est la *légumine*, dont nous avons étudié précédemment les propriétés.

Composition immédiate des principales légumineuses (1).

LÉGUMINEUSES.	Matières azotées, légumine, etc.	Matières grasses.	Amidon, dextrine et sucre.	Cellulose.	Sels minéraux.	EAU	OBSERVATEURS.
Féveroles............	30,80	1,90	48,30	3,00	3,50	12,50	
Fèves ordinaires.....	24,40	1.50	51,50	3,00	3,60	16.00	
Fèves vertes (dessée.).	29,05	2,00	55,85	1,05	3,65	8,40	
Haricots blancs (ord.).	25,50	2.80	55,70	2,90	3.20	9,90	M. Payen.
— flageolets (dess.).	27,00	2,60	60.00	2,00	3,30	5.10	
Lentilles............	25,20	2,60	56,00	2,40	2.30	11,50	
Pois secs............	23,80	2,10	58,70	3,50	2,10	9,80	
Pois cassés..........	25,40	2,00	58,50	1,90	2,50	9,70	
Vesces.............	27,30	2,70	48,90	3,50	3,00	14,60	M. Boussingault.
Lupins.............	38,35	7,85	26,23	14,55	2,83	10,18	Oré.

(1) Depuis de Candolle, qui avait trouvé 3338 espèces de légumineuses répandues sur tout le globe, les naturalistes en ont ajouté 662.

Les Chinois fabriquent avec la purée de pois un fromage excellent qu'ils nomment *tao-fao*.

On trouvera peut-être un jour, comme on l'a découvert pour le protagon du cerveau, que la légumine se compose d'un corps phosphoré analogue à la lécithine, et d'un autre principe azoté semblable à la cérébrine ; mais au point de vue alimentaire cela importe peu.

Quand un ouvrier doit produire beaucoup de travail utile, lorsqu'un lutteur veut obtenir son maximum de force, ils s'entraînent.

L'entraînement n'est autre chose que l'exercice violent associé à une nourriture appropriée, dont le travail effectué est la représentation absolue.

Rien ne se crée, rien ne se perd.

Pourquoi n'entraînerait-on pas le cerveau comme on entraîne le muscle?

Pourquoi le penseur ne soumettrait-il pas sa pensée, comme l'athlète sa force, à l'entraînement alimentaire ?

Pourquoi ne donnerait-on pas aux enfants, en même temps que l'exercice de la pensée, l'élément phosphoré spécial, sans lequel l'organe cérébral risque d'être stérile ou de se désorganiser?

La matière et l'esprit sont aussi corrélatifs que la matière et la force.

Le soufre et le phosphore des éléments histogènes albuminoïdes brûlent pour former de l'acide sulfurique et de l'acide phosphorique. Ces acides décomposent le carbonate de soude du sang et nous les retrouvons dans l'urine en qualité de sulfate et de phosphate. Il en résulte qu'une nourriture riche en albumine a pour effet d'augmenter la quantité d'urée de l'urine, en même temps qu'elle accroît celle des sulfates et des phosphates terreux (Lehmann).

Nous voyons qu'en général les matières inorganiques restent

attachées aux éléments histogènes dans le développement, et qu'elles accompagnent dans la désassimilation les matières excrémentitielles. L'acide urique n'est pas éliminé en qualité d'acide libre, mais sous forme d'urate de soude. En général, on peut dire que l'urine est le liquide qui a le privilége d'écarter du corps la plus grande partie des sels. Les matières fécales, le mucus, les produits cornés, les cheveux, les ongles et l'épiderme, éliminent aussi des matériaux inorganiques usés, et, au milieu d'eux en première ligne, le fer et les sels terreux.

Or, puisque l'échange de la matière est une mesure de la vie, il est évident que, non-seulement les matières se transformeront plus rapidement dans un individu plus fort, mais que le terme corrélatif d'une plus grande activité doit être une désassimilation plus prompte. C'est ce qui a lieu. L'effort corporel n'augmente pas simplement la sueur et l'urine, il augmente l'urée de l'urine et l'acide carbonique que nous expirons. D'après les nouveaux travaux de Gerlach, les hommes occupés à des mouvements corporels éliminent par la peau, en neuf heures, autant d'acide carbonique qu'à l'état de repos en vingt-quatre heures. Dans un cheval au trot l'élimination est cent dix-sept fois plus grande que celle du repos. Un coureur anglais qui avait parcouru en cent heures un chemin qui en aurait exigé cinq cents pour une marche ordinaire, n'avait pas perdu après cet effort moins de 14 kilogrammes du poids de son corps.

On a le droit de prendre au pied de la lettre l'expression dont on se sert en parlant des hommes à pensée ardente, quand on les appelle têtes chaudes. Un accroissement du travail de l'esprit produit une augmentation de l'appétit tout comme le ferait un mouvement musculaire intense. L'appétit n'est qu'un symptôme d'un appauvrissement du sang

et des tissus apprécié au moyen d'une sensation. L'activité cérébrale, comme le travail des membres, augmente l'élimination par la peau, les poumons et les reins.

ÉQUIVALENTS ALIMENTAIRES PHOSPHORÉS.

Les expériences de Chossat ont prouvé que le tissu nerveux,
et par ce mot il entend la fibre centrale des tubes, les pôles, les
enveloppes des noyaux et nucléoles cellulaires, se désorgani-
sait après tous les autres tissus du corps.

Formé le premier, il meurt le dernier.

Il ne faut pas confondre ces résultats portant sur les *agents
transformateurs*, cellules et nerfs, avec les *éléments transformés*, soit du stroma ou parenchyme, soit du sang.

La vie rudimentaire des animaux inférieurs est possible sans
beaucoup de graisse phosphorée, elle est impossible sans la
partie centrale du nerf : le filament axile.

La graisse phosphorée parenchymateuse du cerveau et des
nerfs suit la même loi de résorption que les corps gras ordinaires. L'enveloppe fibreuse au contraire empêche que celle
renfermée dans la cellule soit détruite aussi promptement.

RELATION ENTRE L'ACTIVITÉ CÉRÉBRALE, A JEUN, ET LA PRÉSENCE DE L'ACIDE PHOSPHORIQUE DANS LES URINES.

Pendant deux jours, diète absolue d'aliments solides en
prenant simplement, dans les vingt-quatre heures, de l'eau
additionnée d'une petite quantité d'alcool et de sucre.

L'acide phosphorique des urines a été dosé selon la méthode
suivie par M. Byasson et indiquée par M. Leconte : « Sur

l'emploi de l'azotate d'urane dans les recherches et le dosage
de l'acide phosphorique et des phosphates, 1853. »

PREMIER JOUR.

Repos absolu au lit.

Vent..	Nord
État ozoné de l'air (1)........................	Moyen
Température de l'air...........................	16-24°
Température du corps au pli de l'aine..........	36°,8
Pression atmosphérique.........................	760-765°
Nombre de pulsations... { matin..............	66°
{ soir................	70°
Poids du corps................................	67kil,120

Examen des urines.

Quantité en vingt-quatre heures..........	1200 grammes.
Acide phosphorique dosé..................	1123 milligrammes.

DEUXIÈME JOUR.

Le matin, travail pénible, activité cérébrale excessive, recherches mathématiques et calcul d'équivalents chimiques.

Le soir, problèmes physiologiques sur les équivalents
nutritifs en rapport avec un travail à effectuer.

A ce moment, la température du front augmente sensiblement, la pensée est confuse, et cette limite dépassée, le danger de désorganisation commence.

(1) L'état ozoné de l'air est important à signaler, car la proportion d'acide phosphorique augmente ou diminue dans les urines, suivant le plus ou moins d'ozone
atmosphérique. Cette influence ne s'exerçant ni sur les phosphates, ni sur l'acide
phosphorique, mais sur le phosphore, c'est un argument de plus, démontrant que
l'acide phosphorique ou les phosphates, corps oxydés, ne sauraient remplacer le
phosphore dans l'alimentation, ainsi qu'on le croit généralement.

La sensation cérébrale se rapproche alors de celle éprouvée par les muscles après un exercice violent et rapide pendant quelques minutes ; l'arrêt du travail est forcé.

Sommeil extrêmement agité, presque de l'insomnie. Le matin, nouveau travail cérébral.

Les conditions générales de l'expérience ont peu varié pendant le second jour. Excepté le nombre des pulsations, qui de 67, le matin, s'est élevé à 72-76 vers six heures du soir, et à 90 pendant la nuit.

Le corps avait perdu 1860 grammes de son poids.

Examen des urines.

Quantité en vingt-quatre heures.. .... 1604 grammes.
Acide phosphorique dosé................. 1470 milligrammes.

Comparaison.

Premier jour..... 1123 milligrammes d'acide phosphorique.
Deuxième jour.... 1470   —   —

1470 moins 1123, soit 347 (154 milligrammes de phosphore) représentent donc *la différence entre la proportion d'acide phosphorique pendant le repos du corps et pendant l'activité cérébrale excessive, alors que l'organisme ne reçoit aucune compensation alimentaire.*

Les expériences précédentes prouvent : 1° que pendant l'inanition, la substance cérébrale cède environ 16 centigrammes de phosphore, pour subvenir à la fonction, le repos musculaire étant aussi absolu que possible (1).

Malheureusement, les vertiges et les éblouissements ne

(1) Le sucre et l'alcool n'ont pu que très-légèrement enrayer la désintégration de la substance cérébrale.

permirent pas d'aller plus avant, sous peine de graves dangers pour la santé.

2° Étant donné la proportion de phosphore de l'alimentation ; et admis la moyenne de 6 grammes de phosphore pour le cerveau, on peut, à l'aide des chiffres précédents, calculer la durée organique possible de cette activité, de même que nous pouvons calculer la durée de la vie elle-même, étant donné l'écart moyen entre la nourriture insuffisante et le travail mécanique à produire.

RÉGIME PHOSPHORÉ.

1° En la fractionnant beaucoup, la nourriture fut abondante, uniforme, riche en éléments phosphorés sous un petit volume, et le repos de l'esprit aussi complet que possible :

Examen des urines.

Quantité *moyenne de trois jours*	1362 grammes.
Acide phosphorique dosé	1420 milligrammes.

2° Même régime : Travail cérébral assidu.

Examen des urines.

Quantité moyenne de trois jours	1810 grammes.
Acide phosphorique dosé	2175 milligrammes.

Comparaison.

Minimum moyen pendant le repos et l'exercice musculaire.	1420 millim.
Maximum moyen pendant l'action cérébrale	2175
Différence	755 millim.

Or, 755 est environ le double de 347, différence pendant la diète.

L'organisme ne perd donc que la moitié de sa réserve

phosphorée, quoique produisant le maximum d'activité cérébrale possible à ce moment.

755 milligr. d'acide phosphorique renferment 335 milligrammes de phosphore de plus que le sang doit apporter au
cerveau pendant le travail de la pensée, que lorsque l'organe
est au repos.

Examinons maintenant quel degré de concordance existe
entre nos résultats et ceux déduits des expériences de
M. Byasson.

Régime uniforme.

Activité cérébrale : Acide phosphorique.. 1990 milligr.
Activité musculaire ou Repos............. 1500
                                          ‾‾‾‾
              Différence................ 490 milligr.

Pendant le régime mixte principalement composé de matières animales, le maximum d'acide phosphorique égale
2270 milligrammes :

2270, maximum pendant le régime mixte; 1500, minimum pendant le régime uniforme, soit 770, différence totale à
puiser dans l'alimentation journalière pendant les travaux de
l'esprit. 770 milligrammes d'acide phosphorique contiennent
342 milligrammes de phosphore.

La différence entre les résultats trouvés en se basant sur
les chiffres de M. Byasson et ceux indiqués par nous est de
342 moins 335 ou 7 milligrammes de phosphore.

Il est difficile de déterminer la quantité de phosphore
correspondant à l'activité nerveuse organique nécessaire au
repos, quand le corps éprouve le minimum de sensations.

Pourtant, prenant pour base la diffusion proportionnelle
des matières phosphorées dans l'organisme, calculée d'après

le poids du cerveau comparé à la masse des nerfs et à la moelle épinière : : 6 : 5, l'écart phosphorique entre le repos et l'activité cérébrale (un quart environ de la totalité de l'acide phosphorique dosé), il est possible d'établir que la proportion de phosphore nécessaire pour compenser la double activité nerveuse et cérébrale varie de 600 à 650 milligrammes que la nourriture doit verser chaque jour dans le sang.

Partant de points de vue différents, les résultats se trouvent néanmoins presque identiques, quoique nous opérions sur une matière expérimentale aussi variable que l'organisme humain, les conditions générales de l'expérience, et l'unité possible de travail dans un temps déterminé pour chaque individu. Il nous a semblé inutile de répéter, dans le compte rendu de nos observations, les détails déjà si clairement reproduits dans les beaux travaux de M. Byasson (1).

Conclusions. — 1° Comme, d'une part, la puissance cérébrale est proportionnelle à la quantité de phosphore oxydé en un temps donné, et que, de l'autre, pendant la suppression d'aliments phosphorés, l'oxydation dans le cerveau est réduite de 755 à 347, il en résulte que l'homme à jeun, ou ne recevant pas une suffisante quantité de phosphore, perd en intensité ou en durée environ la moitié du travail que son cerveau pourrait effectuer.

2° La production de l'acide phosphorique dosé dans les urines, et provenant, soit de l'oxydation du phosphore, soit de

(1) Il est évident pour nous que l'identité aussi rigoureuse des chiffres est due au hasard, sur lequel nous ne devons pas trop compter pour renouveler nos expériences. L'analogie générale des résultats nous suffirait, du reste, même sans le secours de cette singulière identité, dont l'importance peut être négligée.

l'élimination des phosphates, peut être établie en moyenne comme suit : 755 résultant de l'activité cérébrale, 629 de l'activité organique ou nerveuse seule, puisque le poids du cerveau est à celui du reste des nerfs et de la moelle : : 6 : 5, soit 1384 résultant de l'oxydation du phosphore ; 791 proviennent par conséquent des phosphates solubles rejetés par les tissus ; soit : 2175, total dosé.

3° Lorsque le sang ne charrie plus une proportion suffisante de phosphore, celle d'acide phosphorique diminuant proportionnellement dans les urines, nous y trouvons la preuve que, pour le cerveau comme pour les muscles, les tissus ne sont pas détruits pendant la période d'activité normale, et que c'est bien dans le sang, c'est-à-dire dans l'alimentation, que l'organe puise les éléments que son tissu transforme en fonction. Ces tissus jouent simplement le rôle de machines, sujettes à une usure plus ou moins rapide ; autrement le cerveau, contenant quelques grammes de phosphore, serait oxydé en peu de jours, s'il devait compenser l'écart phosphoré considérable entre le travail cérébral et le travail musculaire.

RATION PHOSPHORÉE.

La consommation quotidienne de phosphore correspondant à l'activité nerveuse générale, ganglionnaire et cérébrale, est environ de 60 à 65 centigrammes.

Cette proportion de phosphore se trouvent-elle dans l'alimentation courante, alors que le travail cérébral est aussi continu que possible ?

Tel est le résumé de toutes les études sur la matière que nous traitons ici.

La farine, privée de son, contient en moyenne 2,50 pour 100 de légumine.

Le pain par conséquent n'en contiendra que 1,75 à 2 pour 100.

Soit pour 1000 grammes de pain, 20 grammes de légumine ou 300 milligrammes de phosphore.

Un jaune d'œuf pèse 17 grammes, il renferme 55 milligrammes, ou pour deux œufs frais environ 11 centigrammes de phosphore. Les nerfs et le sang, dans 400 grammes de chair de bœuf, représentent à peu près 8 à 9 centigrammes de substances phosphorées non altérées. En récapitulant, nous voyons que : 1000 grammes de pain, 2 œufs, 400 grammes de viande cuite, ont à peine 50 centigrammes de phosphore. Cette proportion représente assez bien la consommation quand il s'agit simplement de subvenir aux dépenses nécessitées par une légère tension cérébrale ou par l'exercice musculaire ; mais elle ne compenserait pas celles résultant des sensations de toute nature que la vie sociale actuelle n'épargne guère à la moelle et au cerveau, ni celles d'un travail cérébral assidu et prolongé. Cette quantité d'aliments plus ou moins altérés par la mort ou les préparations culinaires, pourrait être remplacée (en ce qui concerne le phosphore) par 35 grammes de légumine, représentant une dose quotidienne oxydée dans les capillaires généraux, en laissant au cerveau toute son élasticité fonctionnelle.

Dans l'alimentation cérébrale, 10 grammes de légumine purifiée, renfermant en moyenne 15 centigrammes de phosphore, équivalent à :

Pommes de terre	825 grammes.
Froment	300
Avoine	300

Maïs	260 grammes.
Orge	550
Riz	550
Glands	200
Pois	60
Pain	550
Son	500
Carotte	1500
Cacao	170
Café	170
Coco	220
Jaune d'œuf frais	43
Cervelle fraîche de mouton	38
Cervelle cuite	140

1° La ration alimentaire du cerveau et des nerfs peut être fixée à 65 centigrames de phosphore par jour de travail cérébral exclusif, et à 30 par jour de repos ou d'exercice musculaire.

2° La circulation dans les vaisseaux encéphalo-rachidiens est d'autant plus facile, et par conséquent l'oxydation plus rapide et plus complète, que les aliments sont pris en moindre proportion et contiennent beaucoup d'éléments phosphorés sous le plus petit volume possible.

3° Les animaux qui prennent une grande quantité d'aliments sont généralement *empâtés* et lourds ; leur estomac est distendu outre mesure ; ceux qui mangent peu, ou beaucoup sous un petit volume, sont plus intelligents et plus alertes.

L'antagonisme entre les fonctions du cerveau et celles de l'estomac, intimement liés par leurs connexions nerveuses, est parfaitement connu.

4° La légumine, substance végétale et soluble, est d'une digestion beaucoup plus facile que les substances animales :

œuf, cervelle, viande etc., insolubles. Sa conservation offre moins de difficultés.

5° Comme l'excédant des matières phosphorées d'origine végétale ou animale, et n'ayant servi ni à réparer une perte excessive antérieure, c'est-à-dire à reconstituer la réserve extra-cellulaire ou parenchyme du cerveau et des nerfs, ni à l'oxydation proportionnelle au travail nerveux ou cérébral effectué au moment même; comme cet excédant, disons-nous, est rejeté par les urines ou les fèces, mieux vaut légèrement augmenter que diminuer la dose quotidienne de légumine, afin de parer à toutes les prédispositions particulières, organiques ou fonctionnelles de l'individu.

6° D'une part, les éléments de la légumine renfermant une forte proportion d'azote ; de l'autre, les expériences de M. Byasson ayant démontré que, pendant l'activité cérébrale, la proportion d'urée trouvée dans les urines était supérieure à celle produite pendant le travail musculaire, l'usage de la légumine compensera aisément la double dépense phosphorée et azotée (1).

7° Dans quelque combinaison qu'il soit introduit dans l'organisme, le phosphore est digéré en même temps que les autres aliments, absorbé par la veine porte, versé dans le sang et porté par lui aux points où son action est nécessaire. Là, sous l'influence de l'oxygène, il se transforme en acide phos-

---

(1) La moyenne des besoins de l'organisme, selon le repos ou l'activité, varie à peu près entre les deux minima et maxima de 18 à 30 grammes d'azote et de 280 à 600 grammes de carbone, ou l'équivalent en hydrogène, dont le pouvoir calorifique est quatre fois plus élevé que celui du carbone.

Dans les pays chauds, et pendant la saison d'été, le besoin d'aliments calorifiques se fait beaucoup moins sentir que dans les contrées froides. La nourriture dans le

phorique, puis en phosphates, à l'aide des éléments minéraux du sérum, tandis que les matières azotées sont par l'oxygène

premier cas doit être surtout végétale, et dans le second renfermer de fortes proportions de matières grasses.

Les hommes du Nord adonnés à l'ivrognerie succombent rapidement lorsqu'ils vont habiter les contrées chaudes.

Il est facile de composer des rations alimentaires en consultant les tableaux pages 151 à 163, et en se souvenant que :

1° Les matières sucrées, amylacées ou gommeuses renferment moyennement, pour 100 : 42 grammes de carbone et 58 grammes d'eau toute formée.

2° Les matières grasses: 79 de carbone et 9,75 d'hydrogène libre, représentant $\times$ 4 : 32 gr. de carbone, 11,25 d'eau.

3° Les matières azotées neutres : 53,87 de carbone, 41,10 d'hydrogène libre (164 de carbone), 16,05 d'azote.

Ces divers chiffres varient de 2 à 3 pour 100, selon les auteurs.

Voici, par exemple, une ration au minimum de poids représentant un maximum de travail :

Phosphorine	60	grammes.
Lard	100	—
Morue salée	50	—
Fromage de Gruyère	50	—
Viande de bœuf	50	—
Farine de seigle	150	—
Farine de maïs	150	—
Infusion ordinaire de café, sucre, eau-de-vie, et 200 grammes de vin	250	—
Poids total	860	grammes.

contenant environ 30 grammes d'azote et 600 grammes de carbone (l'hydrogène étant ramené au carbone).

Sans la phosphorine, cette ration ne contiendrait pas le quart du phosphore indispensable à l'alimentation du cerveau.

Outre les substances azotées, respiratoires, phosphorées, la nourriture doit renfermer de 12 à 15 grammes de chlorure de sodium ou sel marin ; 6 à 7 grammes de phosphate de chaux ; 9 à 10 grammes de sulfate et de phosphate de potasse ; 4 à 5 grammes de sulfate ou de phosphate de soude et de magnésie ; du chlorure de potassium, du fer, etc. Excepté le sel marin, le phosphore et quelquefois le soufre, tous les autres principes inorganiques se trouvent en proportions suffisantes dans les rations alimentaires.

L'*erbswurst* ou saucisson de pois, employé dans les armées allemandes, est un

transformées en urée. Phosphates et urée sont finalement redissous dans le sang et éliminés par les reins.

L'urine est donc le miroir ou viennent se refléter les phases variées de phosphatisation ou de déphosphatisation de l'organisme animal.

8° En nous appuyant sur toutes les considérations précédentes, on peut établir ainsi la ration de légumine :

<pre>
25 grammes par jour de 3 à 8 ans.
35   —   —   de 8 à 15 ans.
50   —   —   de 15 à 25 ans et au delà.
</pre>

Il ne s'agit ici que des proportions hygiéniques et non des doses thérapeutiques, variables selon les cas.

9° Afin de généraliser l'emploi des substances naturelles phosphorées, quelle que soit leur origine, nous les comprendrons sous la dénomination de *phosphorine*.

« Les résultats déjà obtenus en physiologie, dit M. Claude Bernard, montrent la possibilité d'agir directement sur le milieu intra-organique par l'influence nerveuse; ils ouvrent une voie à la thérapeutique et laissent entrevoir, en nous donnant les moyens d'actions sur les manifestations vitales les plus élevées, jusqu'à la possibilité de dévoiler et d'expliquer

composé de pois, de lard et de viande auxquels on ajoute une forte quantité de sel marin.

1334 grammes de ce saucisson remplacent 1000 grammes de viande de bœuf.
Chaque soldat reçoit environ 500 grammes par jour, outre sa ration ordinaire.
500 grammes représentent :
  82 grammes de substances albuminoïdes.
  58 grammes de substances amylacées.
149 grammes de substances grasses.
  37 grammes de sel marin.
  31 grammes d'autres matières minérales.

un jour scientifiquement, l'influence réciproque, reconnue de tous les temps, mais restée mystérieuse, du moral sur le physique et du physique sur le moral. »

« La vie ne se conçoit que par le conflit des propriétés physico-chimiques du milieu extérieur et des propriétés vitales de l'organisme, réagissant les unes sur les autres. Il faut nécessairement le concours de ces deux facteurs; car si l'on supprime soit le milieu, soit l'organisme, la vie cesse ou s'altère aussitôt. »

« L'organisme vivant n'est qu'une machine admirable douée des propriétés les plus merveilleuses, mise en action à l'aide des mécanismes les plus complexes et les plus délicats (1). »

Nous rappellerons sommairement que les deux éléments caractéristiques du cerveau sont : 1° la cholestérine, *corps gras insaponifiable par les alcalis*, et qui paraît être produit dans le cerveau même et les nerfs, pour remplir le rôle d'isolateur et d'excitateur entre les diverses parties de l'appareil nerveux, cellules ou fibres; 2° le protagon, formé par la réunion d'un corps gras, la lécithine, légèrement azotée selon quelques chimistes, non azotée suivant d'autres, mais phosphorée cela n'est plus discutable ; et d'une matière albuminoïde, la cérébrine. Quand l'action de l'oxigène a transformé le phosphore de la lécithine en acide phosphorique, ce corps gras devient la névrine qui, à son tour, est retrouvée dans la bile à l'état isomérique de choline, de même que la cholestérine éliminée aussi par le foie est finalement expulsée sous forme

______

(1) *Rapport sur les progrès de la physiologie.*

de stercorine dans les excréments (1) et la cérébrine à l'état
d'urée par les reins. L'excès de protagon est éliminé par les
testicules ou les ovaires. Quand cette élimination n'a pas lieu,
comme chez les eunuques, le phosphore du protagon, résorbé en trop grandes proportions, favorise l'accumulation
graisseuse dans les tissus. Le rôle de la cérébrine est de con-
courir à la formation de l'enveloppe des cellules et des tubes

(1) La stercorine correspond à une égale proportion de cholestérine produite par
le cerveau ou les nerfs, et éliminée par le foie. (Flint.)

Les conséquences diagnostiques, pronostiques et thérapeutiques de ce fait sont
considérables : 1° Le cerveau secrète trop peu, 2° ou trop de cholestérine ; ce qui
revient au même, quant aux résultats, puisqu'un organe souffre autant du trop
que du trop peu ; 3° le foie perd une partie de sa puissance éliminatrice.

Dans les deux derniers cas, il y a résorption de cholestérine, suivis de troubles
convulsifs, d'exaltation des sens ou d'aliénation mentale. De même, le trop peu de
cholestérine sécrétée par le cerveau produit les troubles *dépressifs* des sensations
et de l'idéation. La folie et la phosphurie coïncident presque toujours ; car l'"hypersécrétion de cholestérine (cholestérémie) est pour le cerveau ce qu'est le diabète,
ou glycosurie, pour le foie ; c'est-à-dire une exagération épuisante de la fonction,
entraînant une consommation également exagérée des éléments phosphorés (phosphurie) que l'alimentation doit compenser, sous peine de rapide destruction de
l'organe lui-même.

L'hypersécrétion de cholestérine (acholestérémie) n'est souvent qu'un effet de la
phosphurie, ou le premier degré chimique du ramollissement et de la paralysie
générale progressive ; alors que le cerveau a déjà perdu à la fois une partie de sa
substance et de son fonctionnement régulier.

Le régime alimentaire phosphoré se trouve donc aussi indispensable dans le second que dans le premier cas.

Aux indications phosphoriques fournies par l'examen des urines, il est nécessaire de joindre les proportions stercoriques, soit avant, pendant ou après les accès,
soit pendant le repos ou l'activité musculaire ou cérébrale. Des moyennes répétées
permettront *de discerner si la folie ou les troubles nerveux, l'épilepsie, l'hystérie,
la chorée, etc., résultent d'une altération du cerveau ou du foie ;* si, par conséquent, ces redoutables affections peuvent être guéries, et enfin de frayer la voie
physico-chimique, dans laquelle le médecin doit s'engager, s'il veut opposer un
traitement rationnel à la cause observée. Le foie est le régulateur de la cholestérine du sang, et par cela même des phénomènes physiologiques du cerveau et des
nerfs ; voilà ce qu'il ne faut jamais négliger au triple point de vue du diagnostic,
du pronostic et de la thérapeutique des maladies cérébrales ou nerveuses, considé-
rées trop souvent par les empiriques comme de mystérieuses entités morbides.
La colère, la joie, le chagrin, la frayeur, détermineront chez l'un la *cholémie*, ictère

nerveux, du filament axile, des ramifications polaires, des noyaux, des nucléoles et des spermatozoaires.

Outre les cellules et les tubes, le tissu nerveux est formé d'un parenchyme ayant la même composition que les corps renfermés dans une enveloppe albuminoïde assez résistante pour être attaquée seulement par la soude caustique et l'acide chlorhydrique pur.

ou jaunisse ; chez l'autre, la *cholestérémie*, suivie de convulsions ou de folie plus ou moins passagère, sans que le cerveau ou le système nerveux général soit directement atteint.

En résumé : 1° Si les désordres plus ou moins convulsifs ou dépressifs sont brusques, ils dépendront presque toujours d'ébranlement dans le système sympathique nerveux du foie, et seront momentanés et curables dans la majorité des cas, en excitant ou en exagérant un peu les fonctions de cet organe.

2° Si, au contraire, ils se manifestent lentement, le foie et la fonction biliaire restant sains, mais avec augmentation de stercorine, il y a cholestérémie, précédée ou suivie de phosphurie. La source du mal est dans le système nerveux central, et le cerveau tend à transformer en cholestérine tous les aliments ternaires, gras ou amylacés, charriés par le sang, comme dans le diabète, le foie, à les transformer en glucose. Le traitement doit donc être à la fois phosphoré et anti-diabétique.

Les tendances convulsives domineront d'abord pour faire place un peu plus tard à la forme *dépressive*, lorsque la maladie aura plus ou moins épuisé le malade.

3° Si, dès le début, la manifestation *dépressive* coïncide avec la diminution de stercorine, *le foie restant sain*, et avec l'augmentation de la phosphurie, le pronostic est grave, le ramollissement proche, et le médecin doit se hâter de recourir à la thérapeutique phosphorée, en même temps qu'à l'administration de la cholestérine d'herbivore, brebis, veau, bœuf, préparée avec soin.

4° Si, enfin, la diminution de stercorine coïncide avec des troubles cérébraux ou nerveux, *continus, plutôt convulsifs*, en même temps que l'étude de la fonction biliaire permet de constater un état pathologique même léger en apparence, le pronostic sera grave, car le foie est atteint dans sa sphère végétative ou dans sa composition histologique ; *il est la cause première des désordres occasionnés par un défaut d'élimination cholestérique.* Les troubles nerveux ou cérébraux intermittents, avec intermittence dans les proportions stercoriques, atténueront la gravité de ce pronostic ; mais les moyens devront tendre surtout à rétablir l'équilibre dans la fonction biliaire, et l'observateur pourra suivre les progrès favorables, à mesure que la transformation stercorique augmentera, se régularisera ou s'opérera plus facilement.

Quand la cholestérine n'est ni résorbée, ni expulsée, elle forme les calculs biliaires.

Quand cette membrane est détruite, on peut alors aisément constater que les substances phosphorées qu'elle contient sont absolument de la même nature que celles du parenchyme dont elle les sépare.

Certains auteurs ont cru reconnaître dans cette membrane les caractères d'un albuminate de soude.

Nulle part dans l'organisme la matière ne peut manquer. Près de la cellule est placé le parenchyme ; puis le sang dont les globules versent incessamment de nouveaux éléments à fixer, à transformer ou à détruire, et dont le sérum charrie tous les corps organiques ou inorganiques solubles, nécessaires soit à la réparation des tissus fondamentaux de l'organe, soit aux opérations chimiques indispensables, pour les globules du sang, du lait, de l'ovaire, et les spermatozoaires. Les graines d'albumine végétale ou animale sont absolument dans le même cas. Comme la cellule, elles présentent un parenchyme et une membrane de séparation. Pour nous, l'analogie entre les cellules, éléments fixes animaux, et les globules végétaux est complète, en ce qui concerne leur composition chimique et leur disposition histologique.

Quand le globule du sang apporte aux tissus en quantité et qualité suffisantes les éléments qu'il puise dans l'alimentation, le parenchyme joue le rôle d'un simple réservoir de matière.

Au contraire, lorsque le sang s'appauvrit par suite de mauvaise alimentation ou de toute autre circonstance agissant défavorablement sur la nutrition, le parenchyme ou réserve extra-cellulaire est d'abord résorbé, puis la matière intra-cellulaire, à son tour, disparaît lentement jusqu'au point infranchissable ou l'organe, la fonction et la vie cessent fatalement à la fois.

HYGIÈNE DE LA PENSÉE

« Rien n'aide à expédier les affaires
comme une santé prospère : une santé
faible met trop souvent en vacances. »
(BACON.)

« La santé est l'unité qui fait valoir
les zéros de la vie. »
(FONTENELLE.)

« Le mal, dans l'ordre moral, ne
conduit jamais au bien dans l'ordre
physique. »
(J. DE MAISTRE.)

« Mieux vaut soigner sa santé que sa
maladie. »

« La moitié des hommes emploie à
mourir de fatigue ou de faim, et l'autre
moitié d'oisiveté et d'indigestion, depuis quelques jours jusqu'à plusieurs
années. »

« Pone gulæ metas et erit tibi lon-
gior ætas. »
(ÉCOLE DE SALERNE.)

« L'homme creuse sa tombe avec
ses dents. »

Le besoin pousse l'artisan à passer ses nuits dans le travail
manuel ; qu'il fasse chaud, qu'il fasse froid, il doit travailler ;
la femme, les enfants, sont là, et la faim n'attend pas !

Beethoven, lui, obéit à un besoin plus tyrannique encore,
lorsqu'il se lève la nuit, s'enveloppe la tête de fourrures, et,
les pieds presque nus, sort, marche dans la neige glacée,
pour que tout le sang de son corps, se portant à son cerveau,
le transforme en une sorte de cratère, d'où jailliront la *sym-*

phonie pastorale, les sonates, *Fidelio*, *Coriolan*, et toutes ces merveilles de mélodies et d'harmonie que, sur la fin de sa vie, le pauvre sourd ne pouvait plus entendre chanter qu'en lui.

Lequel de ces deux ouvriers, de ce bras ou de ce cerveau, se fatigue le plus ? Si le travail des muscles a ses martyrs, celui du cerveau a aussi les siens. On plaint les premiers, parce que la misère se voit ; on ne plaint généralement guère les seconds, parce que, s'ils enfantent eux aussi dans la douleur, leurs souffrances n'ont rien de tangible et de matériel pour l'observateur superficiel.

Le labeur manuel éprouve des privations, le labeur intellectuel des agitations : à l'un, la fatigue qui use ; à l'autre, les émotions et les ravages plus ou moins lents des passions.

Combien de fois ne voyons-nous pas le même individu éprouver en même temps les cruels effets de la double fatigue physique et morale !

Les excès du travail manuel se réparent par le sommeil ; ceux du travail intellectuel, au contraire, appellent l'insomnie.

Quand le penseur devrait et pourrait dormir, il résiste à ce besoin naturel de repos à l'aide d'artifices variés, et maintient ainsi pendant la nuit une tension nerveuse du cerveau qui le brise parfois après l'éclosion du poëme, de l'idée, du problème ou du plan si laborieusement conçus.

La boule d'airain d'Archimède a été singulièrement perfectionnée par le tabac et le café !

L'activité cérébrale pourtant ne peut se soutenir au delà de quelques heures.

Combien, pour ne pas avoir assez ménagé leur monture, laissent leurs œuvres inachevées !

L'insomnie ! l'inspiration ! les névroses ! le génie ! le cabanon à Bicêtre ! la statue sur la place publique ! telles sont les diverses et sombres antithèses autour desquelles gravite le travailleur de la pensée.

On le glorifie ou on l'enchaîne !

Le Tasse ! Raphaël ! Bellini ! succombent, moisonnés dans leur fleur par le travail et le plaisir : *Venus semper inimica est.*

Sauvage tend ses bras amaigris à travers les barreaux de sa cellule ; et Musset meurt en léguant aux poëtes de l'avenir, cette vraie et si touchante peinture de ses maux :

> Ma force à lutter s'use et se prodigue,
> Jusqu'à mon repos, tout est un combat ;
> Et comme un coursier brisé de fatigue,
> Mon courage éteint, chancelle et s'abat.

La variété dans le travail est le secret de son innocuité.

Savoir se reposer, dit l'hygiéniste ; *pouvoir se reposer*, répondent le poëte, l'artiste, l'écrivain !

Michel-Ange, Léonard de Vinci, le Titien, Rubens, passaient du ciseau ou de la plume au pinceau ; un travail différent les reposait du travail précédent. Aussi, pendant une longue existence, ont-ils pu accomplir d'immenses et merveilleux travaux.

Reveillé-Parise insiste, avec raison, sur la nécessité pour chaque homme de travailler dans les conditions dont l'habitude lui a fait une nécessité, sous peine d'amoindrir la valeur de la production et de déterminer une plus grande fatigue.

L'un ne pense bien que debout, ou bien en parcourant à grands pas son cabinet ; tel autre, comme Montesquieu, compose en chaise de poste ; celui-ci a besoin d'isolement, de calme profond ; celui-là, du grand air, de la foule et du bruit. Napoléon aimait à écrire ses ordres du jour sur le blanc des lettres qu'on lui adressait. Désaugiers courait les Champs-Élysées en roulant dans ses doigts des boulettes de papier. L'inspiration venait au bout d'un instant; il rentrait alors chez lui, et le répertoire joyeux possédait une chanson de plus. L'atelier de Delacroix était une véritable serre-chaude; Buffon écrivait en manchettes de dentelles. Alexandre Dumas en bras de chemise; Étex a sculpté son *Caïn* en costume moyen âge.

Houssaye ne travaille que le jour, dans sa vaste galerie de tableaux. Là, entouré de marbres et de bronzes rares, l'air, la vie, le mouvement autour de lui, Arsène le Magnifique, tout en causant, dicte à quatre secrétaires des sujets variés : à celui-ci un roman, à celui-là un feuilleton critique, à l'un quelques notes politiques, à l'autre une page de l'*Histoire du* XIXe *siècle*.

Théophile Gauthier écrit ou plutôt dessine et sculpte son feuilleton de dix colonnes sur un carré de papier grand comme un billet de mille francs. Alphonse Karr trompe aussi sa nonchalance en lui présentant successivement quelques petits morceaux de papier à noircir. Jules Sandeau fume en écrivant (il est vrai que son cigare est presque toujours éteint). É. de Girardin ne travaille que la nuit ; il lui faut la lumière des lampes pour voir l'avenir. Malheur à l'histoire si sa lampe fume ! Diaz mène quatre tableaux de front; Ziem ne peint qu'en bottes à l'écuyère ; et l'inspiration fuit Gounod s'il n'est pas sans cesse en mouvement de l'opéra à l'église ou de l'église à l'opéra.

Nous connaissons certains hommes de lettres qui ne peuvent rien écrire avec une plume, d'autres avec un crayon ; s'ils essayent de lutter contre cette manie, leur verve s'arrête court.

« Milton composait son *Paradis perdu* la nuit dans un grand fauteuil, la tête renversée en arrière ; Bossuet se mettait dans une chambre froide et la tête chaudement enveloppée.

» Lorsque Fox avait fait quelque excès de table et qu'il se retirait dans son cabinet, il s'enveloppait la tête d'une serviette trempée d'eau et de vinaigre, et travaillait quelquefois dix heures de suite. On assure que Schiller composait en se mettant les pieds dans la glace. Mathurin, l'auteur de *Bertram*, de *Melmoth*, s'éloignait du monde pour composer. Quand l'inspiration le saisissait, il plaçait, dit-on, un pain à cacheter entre ses deux sourcils, et ses domestiques, avertis par ce signal, n'approchaient plus de lui. Jérémie Bentham jetait ses idées sur de petits carrés de papier, qu'il empilait les uns à côté des autres, et ces longues broches de notes étaient la forme première de ses manuscrits. Napoléon lui-même avait son mode particulier de méditation et de travail. « Quand il n'y avait pas de conseil, dit Bourienne, il restait dans son cabinet, causait avec moi, chantait, coupait, selon son habitude, le bras de son fauteuil, avait quelquefois l'air d'un grand enfant; puis, se réveillant tout à coup, indiquait le plan d'un monument à ériger ou dictait de ces choses immenses qui ont étonné ou épouvanté le monde (1). »

« Le grand air, les exercices de corps, les voyages surtout, sont de puissants préservatifs contre l'abus du travail d'esprit. Il y a dans le séjour à la campagne, mais surtout dans les voyages, une influence puissamment sédative. Cette *manière mobile d'exister*, ainsi qu'on l'a dit avec raison, change utile-

(1) Reveillé-Parise, *Physiologie et hygiène des hommes adonnés aux travaux de l'esprit*. Paris, 1834.

ment le mode de la pensée, substitue des impressions variées
à la monotonie destructive d'une idée fixe et amène un salutaire apaisement de l'esprit. Je connais des hommes laborieux
qui ne font pas cinquante lieues en chemin de fer sans éprouver la sensation très-appréciable d'un repos cérébral (1). »

Tout homme qui ignore l'art de se reposer, c'est-à-dire de
ne rien faire, doit, sous peine de ne fournir qu'une carrière
très-courte, renoncer aux travaux assidus de la pensée.
Xavier de Maistre connaissait cet art, et en a parlé,
comme il parlait de tout, avec une finesse incomparable :
« Je voulus, dit-il, me reposer quelque temps en ne pensant
à rien. C'est une manière d'exister qui est aussi de mon invention, et qui m'a souvent été d'un grand avantage ; mais il
n'est pas accordé à tout le monde de savoir en user ; car, s'il
est aisé de donner de la profondeur à ses idées en s'occupant
fortement d'un sujet, il ne l'est point autant d'arrêter tout
d'un coup sa pensée comme on arrête le balancier d'une
pendule. Molière a fort mal à propos tourné en ridicule un
homme qui s'amusait à faire des ronds dans un puits ; je se-
rais, quant à moi, tout porté à croire que cet homme était
un philosophe qui avait le pouvoir de suspendre l'action de
son intelligence pour se reposer, opération des plus difficiles
que puisse exécuter l'esprit humain. Je sais que les personnes
qui ont reçu cette faculté sans l'avoir désirée et qui ne pensent
à rien, m'accuseront de plagiat et réclameront la priorité de
l'invention ; mais l'état d'immobilité intellectuelle est tout
autre que celui dont ils jouissent et dont M. Necker a fait l'a-
pologie (*sur le Bonheur des sots*, in-18, 1782). Le mien est
toujours volontaire et ne peut être que momentané. Pour en

(1) Fonssagrives, *Hygiène familière*. Paris, 1870.

jouir dans toute sa plénitude, je fermai les yeux en m'appuyant sur ma fenêtre, comme un cavalier fatigué s'appuie sur le pommeau de sa selle, et bientôt, le souvenir du passé, le sentiment du présent et la prévoyance de l'avenir s'anéantirent dans mon âme. » (X. de Maistre, *Expédition nocturne autour de ma chambre*, chap. XXXI.)

Malheureusement pour le cerveau, l'art de penser à son heure est bien rare, car il n'est pas toujours facile de congédier ou de consigner sa pensée comme un visiteur importun.

« Les hommes médiocres ont seuls la faculté de s'abstraire ; les autres sont la *chose* d'une idée. Elle s'empare d'eux, elle les suit partout, leur impose son joug, leur fait prendre ou laisser la plume quand elle le juge utile, les suit en tous lieux, fait lever le soleil ou éteint leur lampe quand son caprice le croit bon, et leur donne cet air distrait qui est comme le cachet de cette possession particulière. » (Fonssagrives, *ouvr. cité.*)

Une loi invariable lie la fragilité de la santé d'un organe à la suractivité de son fonctionnement. C'est dire que le cerveau est le point vulnérable chez les hommes qui vivent sans mesure de la vie de l'intelligence. Les maladies organiques du cerveau et l'aliénation mentale sont, par leur fréquence, la double expression de ce fait.

La contention d'esprit maintient le cerveau dans un état de congestion temporaire, et, quand elle se répète journellement, elle peut amener à sa suite toutes les maladies cérébrales auxquelles prédispose l'état de turgescence circulatoire de la tête : la congestion sous ses formes diverses, l'inflammation du cerveau ou de ses enveloppes, le ramollissement aigu ou chronique, l'apoplexie, doivent prendre, sous cette influence, une fréquence singulière.

La statistique nous apprend à ce sujet que, sur 1000 individus exerçant des professions intellectuelles, il y a en France : 3,10 aliénés tandis que, pour les autres professions (militaires, domestiques, journaliers, rentiers, propriétaires, artisans, commerçants, négociants), la proportion n'est plus que 1,99 maximum à 0,42 minimum sur 1000. De même aussi en Belgique, la statistique a relevé, en 1858, les chiffres de 4,81 et de 0,92 sur 1000 individus, représentant : le premier, la proportion des aliénés dans les professions libérales ; le second, leur proportion dans les professions agricoles.

En 1863, la statistique de l'aliénation, en France, a classé au point de vue de la fréquence de la folie les diverses professions libérales. Sur 1000 individus de chaque profession libérale, on a trouvé le nombre suivant d'aliénés :

Artistes	9,60
Juristes	8,41
Ecclésiastiques	4,13
Médecins et pharmaciens	3,85
Professeurs et hommes de lettres	3,56
Fonctionnaires publics et employés	1,37

1. — Tissot ramène aux chefs suivants les conditions anti-hygiéniques du travail d'esprit : 1° inaction ; 2° contention de l'esprit ; 3° veilles ; 4° air confiné ; 5° défaut de culture corporelle ; 6° travail pendant les repas et peu après; 7° résistance aux sollicitations des besoins organiques; 8° isolement volontaire (1).

Tout y est ou peu s'en faut dans cet acte d'accusation. Le *fakir du travail*, comme l'appelle peu révérencieusement

____

(1) Tissot, *De la santé des gens de lettres.*

Tissot, sacrifie tout à sa passion favorite, qui devient bientôt sa passion unique : il ne se sert guère de ses muscles que pour aller de sa bibliothèque à son fauteuil et de son fauteuil à sa bibliothèque : tout autre exercice étranger au grand œuvre qu'il poursuit lui semble une usurpation malséante sur les droits de son cerveau. Il n'y a plus de mouvements ailleurs, parce que tout mouvement est là ; aussi les fonctions digestives, qui ont besoin du concours auxiliaire des membres, ne tardent pas à s'altérer, l'appétit diminue, les muscles intestinaux tombent dans une torpeur complète, et la privation de l'air vif du dehors vient s'ajouter aux inconvénients des attitudes uniformes ou vicieuses qu'impose le travail de cabinet.

« Être longtemps assis, courbé sur un bureau, dit à ce sujet Reveillé-Parise, souvent la tête en feu et les pieds glacés ; se lever, se rasseoir, se frapper le front par intervalle ; quitter sa plume, la reprendre, la ronger ; tantôt s'épanouir et tantôt contracter brusquement les traits de sa figure, s'animer, se calmer, s'agiter de nouveau automatiquement : telle est, en général, la situation d'un homme qui médite profondément et veut exprimer sa pensée. Ces mouvements, en eux-mêmes n'entraînent pas de grands inconvénients, à l'exception de la courbure prolongée du tronc, surtout si l'on est myope. Une semblable position gêne singulièrement la circulation, favorise les stases du sang abdominal, comprime le foie, l'estomac, et nuit aux fonctions de ces organes. Je puis assurer que cette cause de maladie, quoiqu'une des moins remarquées, est très-active, car elle agit sans relâche et presque à l'insu de l'individu. Son action influe même sur la stature. Joseph Scaliger remarque que Lipse et Casaubon étaient tout courbés par l'étude. Les tables à la Tronchin combattent la cause dont il s'agit avec avantage ; mais il est difficile d'écrire longtemps debout. On voit des penseurs qui travaillent dans leur lit, position commode pour méditer et non pour écrire. Le célèbre Cujas étudiait tout de son long sur un tapis, le ventre contre terre et entouré de monceaux de livres.

» Il arrive parfois qu'une position fâcheuse est commandée par le travail. Michel-Ange, après avoir peint les plafonds de la chapelle Sixtine, éprouva un accident singulier. Il ne pouvait presque plus rien voir en regardant en bas : s'il voulait lire une lettre, il était obligé de la tenir élevée. Cette incommodité dura plusieurs mois (1). »

Les écrivains, les artistes, les chercheurs dans la voie scientifique ou industrielle sont des malades. La sobriété est une nécessité pour eux ; le travailleur de la pensée ne digère bien qu'à la condition de manger peu, de choisir des aliments substantiels sous un petit volume, et de ne pas travailler pendant les digestions. *L'homme se nourrit non par ce qu'il mange, mais par ce qu'il digère.*

Mâcher comme Tibère, suivre de loin le régime de Cornaro, prendre peu de nourriture le soir, résister à l'ivrognerie du café, véritable poison pour ceux atteints de palpitations, de névroses, de maladies organiques du cœur ou des gros vaisseaux ; travailler chaque jour, mais pendant quelques heures ; entremêler le travail intellectuel d'exercices corporels, cultiver les armes, la gymnastique, les longues promenades, varier les occupations ; s'imposer une règle et ne pas s'en départir, tel est le langage de l'hygiène. Rien n'égale sa sagesse, dit M. Foussagrives, si ce n'est sa parfaite inutilité.

Allez donc recommander à Beethoven, à Chatterton ou à Proudhon les préceptes hygiéniques, le repos de l'esprit,

____

(1) Reveillé Parise, *ouvrage cité.* — Foussagrives, *ouvrage cité.*

et à l'artisan le repos du corps! Conseillez donc à M. T...
de maintenir sa tête froide, à M. de B... son ventre libre
et au prince G... ses pieds chauds!

A l'époque ou vivait Tissot, on ignorait que l'activité cérébrale correspondit à une grande consommation de phosphore.

Il faut par conséquent ajouter à sa nomenclature une
neuvième cause, la plus sérieuse de toutes, *l'insuffisance d'éléments phosphorés dans l'alimentation ordinaire du penseur.*
Car la paralysie générale progressive et le ramollissement du
cerveau veillent et guettent celui qui aurait l'imprudence de
méconnaître les lois d'équivalence et d'oublier que les phénomènes de la pensée, comme ceux des muscles, sont aussi
des mouvements de la matière.

La *phosphurie*, je nomme ainsi l'hypersécrétion d'acide
phosphorique dans les urines pendant la suractivité cérébrale,
conduit dans l'ordre nerveux au même degré d'épuisement
que l'*albuminurie* ou le *diabète* dans l'ordre musculaire. On
peut ajouter que, d'une manière générale, l'appauvrissement
du sang pour une cause quelconque entraîne forcément
l'épuisement nerveux, et réciproquement.

Le système excitateur nerveux et le système circulatoire
sanguin ont des connexions inséparables. La maladie ne
touche jamais l'un sans atteindre l'autre; et dans les deux
cas, la puissance nutritive étant profondément modifiée, les
recettes alimentaires ne contrebalancent plus les dépenses
organiques. De là, résorption plus ou moins rapide de la
substance même de l'organe.

Conséquemmment, la médecine doit recommander dans le
premier cas une alimentation spéciale, comme elle l'a recom-
mandée dans le second.

La *phosphurie* conduit fatalement à l'*aphosphémie* (diminution dans la proportion normale de phosphore du tissu nerveux), de même que la diminution du fer contenu dans la masse du sang conduit à l'*anémie* ou *chloro-anémie*.

La suractivité fonctionnelle des centres nerveux a fait de la paralysie générale progressive et du ramollissement du cerveau les maladies spéciales de notre époque. Aujourd'hui l'esprit absorbe le corps, nous pourrions aussi ajouter le cœur! La phosphurie débute par des troubles plus ou moins brusques, la perte de mémoire (*amnémie*) et de la vue, à la suite d'excès de fatigues morales ou vénériennes, de veilles et de congestions alcooliques, qui entraînent généralement l'impuissance chez l'homme (*agénésie*) et la stérilité chez la femme. Les plaisirs ou les douleurs de notre temps sapent le système nerveux; et la délicatesse de la mère condamne souvent avant sa naissance le pauvre rejeton à de douloureuses infirmités, au rachitisme, à l'idiotie.

Le lait, seul aliment de l'enfant pendant plusieurs mois, coule de mamelles plus ou moins taries par des allaitements successifs; il n'est plus qu'une sérosité blanchâtre dans laquelle non-seulement les substances phosphorées, mais la plupart des éléments organiques et minéraux manquent à la fois.

Puis lorsque cet être délicatement constitué a franchi, grâce à mille soins et à travers mille périls, les premières années de sa vie, on s'occupe de son cerveau.

Chez la plupart de ces enfants, l'esprit, d'abord très-brillant, s'éteint peu à peu sous la triple et funeste influence de l'onanisme, du travail cérébral exagéré, et d'une alimentation nerveuse tout à fait insuffisante; heureux encore si l'habitude de fumer le tabac ne s'empare pas, dès la puberté, de ce chétif individu, dont les vêtements contribuent en outre de bonne heure à gêner la libre expansion des organes et la facile circulation du sang.

Si la phthisie, les scrofules et la chloro-anémie épargnent l'adolescent, et si son régime n'est pas modifié, l'hystérie, l'épilepsie, la danse de Saint-Guy ou chorée, les pertes séminales, les langueurs organiques, les dyspepsies l'atteindront sûrement dans l'âge mûr. A ce moment, les excès de tout genre ou les privations, le libertinage, l'ambition, le conduiront en trébuchant à travers toute la série des névroses, éblouissements, apoplexies, anévrysmes miliaires des centres nerveux, palpitations, névralgies, pâles couleurs, et l'amèneront, en laissant une à une ses facultés aux ronces ou aux fleurs de la route de la vie, jusqu'au point fatal où l'attendent définitivement la paralysie générale progressive et le ramollissement du cerveau.

« Les phénomènes de l'intelligence et de la conscience » exigent pour se manifester des conditions anatomiques et » physico-chimiques parfaitement déterminées. La folie et » les affections mentales, de quelque ordre qu'elles soient, » sont sous la dépendance de perturbations survenues dans » ces conditions. » (Claude Bernard, *Discours de réception à l'Académie française.*) De même que l'homme qui se nourrit de viande est fort, musculairement ; de même que celui qui boit de l'eau-de-vie et mange de la graisse augmente considérablement son degré de résistance au froid extérieur ; est-il admissible que le régime cérébral sera sans influence sur l'organe, par conséquent sur les fonctions du cerveau ?

Par l'usage de la viande les porcs deviennent dangereux ; les ours nourris de végétaux sont doux, tandis que l'alimen-

!ation animale les rend féroces. La différence de chair influe même sur la direction de la férocité.

Dans les pampas de la Plata et dans l'Inde, on appelle *Carnero*, et les indigènes le redoutent spécialement, le tigre qui a goûté de la chair humaine.

Le chien, le chat nourris de pain, sont obéissants et intelligents : changez leur régime, donnez-leur de la viande, leur caractère deviendra méchant. D'une manière générale, les herbivores ont le naturel plus doux que les carnivores. Quelle différence entre la tourterelle et le vorace vautour ; entre la baleine et le requin ; entre l'éléphant et le lion ! l'homme lui-même, enfin, qui suit un régime exclusivement animal présente une disposition à la prédominance des facultés méchantes. La bonté fuit son cœur, et toutes ses productions comme ses actions portent le sceau de son régime.

Dis-moi ce que tu manges, je te dirai ce que tu penses.

La vitalité des êtres est proportionnelle à leur nourriture. Les règles d'un entraînement nerveux et cérébral sont aussi importantes à établir pour les ouvriers de la pensée, les enfants, les malades et les convalescents, afin de produire le maximum d'effet possible sous l'influence d'un régime alimentaire approprié, qu'elles sont indispensables à suivre quand il faut agir sur le système musculaire ou sanguin.

Nous avons tenté de combler cette lacune.

Cuvier compare la vie à un tourbillon à direction constante, dans lequel entrent constamment, pour en sortir bientôt, des molécules de même nature. Ce tourbillon continue-t-il sa marche, le corps qui en est le théâtre est vivant ; mais toujours, après une période dont la limite extrême est déterminée pour chaque espèce, ce mouvement s'arrête, le corps vivant meurt. Les quelques molécules qui le constituent retournent par le même chemin au monde minéral d'où elles sont sorties.

Cette mort totale et ultime de tout individu est toujours précédée d'une mort partielle : tout être use et détruit sans cesse les particules de son corps. Le moindre mouvement, même une pensée, lui coûte une partie de lui-même ; il finirait par disparaître entièrement, peu à peu, s'il ne pouvait faire entrer dans son tourbillon vital des molécules capables de remplacer celles que la mort lui dérobe.

Les molécules réparatrices sont les aliments ; les molécules usées, brûlées, mortes, sont les cendres, sont les excréments. Seules, ces deux modifications de la même matière composent tout être vivant. Les uns, les aliments, possèdent du mouvement, de la vie ; les autres, les excréments, devenus corps étrangers pour l'organisme, sont rejetés au dehors et renvoyés dans le monde minéral. Là, subissant des transformations particulières, ils redeviennent aliments, et parcourent le même cercle qu'ils ont peut-être déjà parcouru bien des fois. Quelques molécules toujours identiques, mises en mouvement par les forces physiques et chimiques, telle est la vie universelle.

Pour accomplir ce grand cycle, le travail a été divisé ; il a été dévolu à des êtres de constitution différente. Les végétaux inférieurs, les cryptogames, enlèvent au rocher ses principes organisables ; ils en nourrissent les grands arbres et les plantes d'une organisation supérieure. Les animaux détruisent et brûlent les produits de ces arbres, ils ferment le cercle, et rendent aux cryptogames les principes qu'on leur avait empruntés.

L'homme, le plus parfait des animaux, prend dans le règne animal les substances capables de former sa propre matière.

Il se les assimile, il les fait parties de lui-même ; mais bientôt
pour en faire soit de la chaleur, soit du travail, il les brûle, il
les détruit, et les rejette usées et presques inertes en dehors
de son organisme. Tels sont les produits de sécrétion. Ces substances retournent, les unes mortes, directement dans le règne
minéral, les autres vivantes dans des organisations inférieures,
pour leur céder le peu de mouvement qui leur reste.

Dans son enfance, l'homme est la résultante de ses aïeux et
du lait de sa nourrice ; plus tard il sera, jusqu'à sa vieillesse,
la résultante de son régime, de ses passions et du milieu physique et moral où s'exercera sa vie.

Nous ne pouvons rien sur la disposition, la composition fondamentale, la fonction des organes.

Tous les efforts doivent se borner à maintenir l'équilibre
entre la perte et la réparation, quel que soit le travail accompli
ou à accomplir, chaleur, activité musculaire, activité nerveuse, activité cérébrale.

Les dépenses de l'organisme sont compensées par l'alimentation, dans laquelle le sang puise les éléments qu'il charrie
ensuite jusqu'aux organes ; puis ces derniers choisissent à leur
tour, dans le torrent nourricier, les principes propres à mettre
en jeu leur activité fonctionnelle particulière.

Sous l'influence du sang normal, le cerveau ne peut pas
plus ne pas penser que le foie ne pas sécréter la bile, ou les
reins l'urine.

La force et l'esprit sont aussi impérissables que la matière ;
l'âme est immortelle comme tout le reste (Lucien) ; rien ne se
crée, rien ne se perd ; *nihil ex nihilo, ex nihilo nihil* (Lucrèce) ;
tout se transforme par voie d'équivalence d'un bout de l'univers à l'autre, dans les systèmes planétaires comme dans les
corps animaux.

Tout naît, vit, se reproduit, meurt et se transforme en vertu d'une loi fatale, aveugle, qui produit irrésistiblement les mêmes effets suivant les causes initiales fixées par le Créateur.

« Oui, la fatalité existe dans le monde organique comme dans le monde inorganique, et ce n'est pas là un rêve théorique, c'est une donnée expérimentale.

» Tous ces merveilleux phénomènes d'acquisition de la forme typique, d'arrêt de développement à heure fixe pour ainsi dire, de restauration, tout cela se fait fatalement et aveuglément, que le résultat soit utile, inutile ou même nuisible.

» Vous transplantez un lambeau de périoste : il s'y fait, comme l'a montré M. Ollier, non pas une simple calcification, mais une ossification véritable, avec tous ses caractères. Où est le but utile de cette ossification? N'eût-il pas mieux valu pour le bien de l'individu que ce lambeau transplanté disparût par résorption musculaire?

» Vous transplantez un nerf. Il se régénère après s'être altéré, et il reprend sans aucun doute sa neurilité. A quoi peut servir ce tronçon de nerf désormais privé de toutes relations avec le centre nerveux? Pourquoi acquiert-il de nouveau une excitabilité qui ne peut plus être mise en jeu? La même question ne pourrait-elle pas être posée à propos de la restauration du bout périphérique du nerf hypoglosse, après arrachement de toute la portion centrale de ce nerf? Nous savons ici que ce bout nerveux a récupéré sa motricité; et cette motricité doit rester inutile à tout jamais. Et tous ces autres exemples de transplantation que l'on pourrait citer? La greffe de l'ergot d'un coq dans la crête de cet animal ou d'un autre animal de la même espèce, la greffe de la queue ou de la patte d'un Rat sous la peau d'un autre Rat : pourquoi ces greffes réussissent-elles? Pourquoi l'accroissement de cette patte ou de cette queue se fait-il d'une façon si régulière, et s'arrête-t-il à une époque préfixe? Qui ne voit qu'il n'y a là qu'une prévision du but à atteindre, et que les phénomènes ne demandent pour se manifester, et se manifester fatalement, en suivant une marche nécessaire, que les conditions qui rendent la vie possible? Ces conditions, la greffe les rétablit dans certains cas; et, dans d'autres cas, ceux des nerfs restaurés sur place; elles n'ont été que momentanément troublées (1). »

« Si, dans les faits précédents, nous voyons que, sans but utile, les phénomènes les plus importants et les plus complexes de la vie se manifestent de la façon la plus régulière, il est d'autres faits qui démontrent que les actes de la vie organique s'effectuent même alors que le résultat obtenu est nuisible.

» Je répète une des expériences de Dugès : je fais sur une Planaire une section longitudinale qui, partant de l'extrémité antérieure du corps, s'arrête au milieu de la longueur de l'animal. Si le principe vital, si la nature médicatrice avaient pour l'individu ainsi opéré une sollicitude aussi grande qu'on a pu le penser, ces forces vigilantes devraient se hâter d'amener la soudure des deux parties ainsi séparées. Mais il n'en est rien : ces deux parties s'éloignent l'une de l'autre angulairement, et chacune d'elles, au bout de quelques jours, s'est complétée en régénérant les parties qui lui manquent, de telle sorte qu'alors on a sous les yeux un monstre à deux têtes, dont chacune a son instinct propre, se meut d'une façon

---

(1) Virchow prétend avoir trouvé de la substance grise dans l'ovaire d'une femme.

égoïste ; et la vie de cet animal monstrueux est devenue par suite, comme on le conçoit, extrêmement pénible.

» Mais, même chez les animaux supérieurs, ne voit-on pas trop souvent le travail de cicatrisation, au lieu de produire un résultat utile, déterminer des difformités telles, qu'elles exigent l'intervention de l'art chirurgical, ou persistent à l'état d'infirmités incurables?

» Nous sommes ainsi ramenés aux conclusions que je formulais d'avance, à savoir que les actes de la vie organique s'effectuent d'une façon fatale, nécessaire, aveugle. Mais quand nous parlons de fatalité dans l'ordre de faits qui nous occupe, nous n'entendons pas dire, comme on le conçoit bien, que ces faits sont l'œuvre plus ou moins complète du hasard. Nous savons trop bien que le hasard n'existe pas, et que ce que nous nommons ainsi n'est autre chose qu'une cause ou une série de causes qui nous échappent. Il n'y a pas de phénomènes absolument détachés, prime-sautiers : tout n'est dans la nature entière qu'un enchaînement de causes-effets et d'effets-causes. Il est clair, par conséquent, qu'il y a des conditions nécessaires pour les manifestations des actes de la vie organique, comme pour les phénomènes du monde inorganique. Mais, je le répète, dès que ces conditions existent, dès que les causes excitatrices agissent, la substance organisée et vivante entre en activité pourvu qu'elle reçoive des matériaux nutritifs et respiratoires, et cette activité qui varie suivant la nature des éléments anatomiques intéressés se manifeste forcément, aveuglément, quel que soit le résultat qui doive être produit (1). »

(1) *Leçons sur la physiologie du système nerveux*, faites au Muséum par

Quel reproche l'orthodoxie la plus susceptible pourrait-elle adresser à ce magnifique langage scientifique?

Outre les substances générales de tous les autres tissus, la cellule nerveuse qui produit la pensée ne se formera pas sans éléments phosphorés.

Le phosphore est l'élément minéral caractéristique essentiel du cerveau et des nerfs.

Sans graisse phosphorée, pas de cerveau, sans cerveau pas de pensée, *donc sans phosphore pas de pensée* (Moleschott) : voilà pour l'organe et la fonction.

Les expériences relatées dans cet ouvrage ont démontré que l'activité cérébrale ou la violence des sensations faisaient varier les proportions de phosphore dans des limites considérables, comparées à celles brûlées dans le système nerveux pour la vie organique seule : voilà pour l'hygiène.

Si le cerveau n'est pas la cause absolue de la pensée, *si elle réside en dehors de l'être*, il est incontestable, cependant, qu'une corrélation étroite lie l'intégrité de l'organe à l'intégrité de la fonction.

Le phosphore est conséquemment, sous peine d'affaiblissement intellectuel, aussi nécessaire au cerveau et à la composition du sang qui parcourt le réseau mystérieux des capillaires généraux où la matière se transforme en idée, que le fer est indispensable à la richesse du sang même, le soufre et le fluor à la fibre musculaire et au tissu osseux.

En tenant compte du genre de vie des travailleurs de la pensée, le problème de l'alimentation nerveuse et cérébrale se posait donc ainsi :

A. Vulpian ; rédigées par le docteur Ernest Brémond. Paris, Germer Baillière, 1866, p. 307 et suiv.

Trouver une substance contenant sous le plus petit volume possible une forte proportion d'éléments phosphorés naturellement assimilables, de telle sorte que femmes, enfants, vieillards, malades, convalescents ou bien portants, puissent la prendre à chaque instant du jour, comme on prend un biscuit ou le chocolat, à jeun, pendant les repas, au repos ou même en travaillant, sans surcharger l'estomac et sans congestionner le cerveau de façon à ne pas entraver l'élasticité de son fonctionnement.

Il fallait, en un mot, trouver un aliment naturel complet possédant sur le système nerveux la même influence que la chair sur le système musculaire, et pouvant, de plus, compenser l'excédant de matières azotées et phosphorées, dont après l'activité cérébrale on retrouve les traces dans les sécrétions.

Outre l'indication de son emploi général, le rôle d'un pareil aliment sera considérable dans la thérapeutique des affections nerveuses et des aliénés; dans les diverses formes de paralysies; dans le régime des femmes enceintes, des nourrices ; et toutes les fois qu'il s'agira de favoriser la circulation cérébrale, de vaincre les tendances à l'obésité ; de soutenir ou de relever les tempéraments épuisés par le travail, les plaisirs ou les chagrins, par les maladies chroniques, par la phthisie, le cancer ou les convalescences difficiles.

La science marche.

Elle peut concevoir aujourd'hui la durée de la vie de l'homme et de ses organes, lorsqu'elle connaît les éléments chimiques des pertes normales ou morbides, comparés à ceux fournis par la résorption de ses propres tissus ou par l'alimentation.

Elle pourra plus tard calculer algébriquement la fragile immortalité de l'homme, lorsque les sciences mathématiques et géométriques auront déterminé la position relative des molécules des corps ; la physique, la vitesse de leurs mouvements moléculaires dans les conditions extérieures et intérieures déterminées ; la chimie enfin, les quantités initiales et les quantités alimentaires exactes de leurs éléments.

Quelle est donc la vraie signification de la loi d'équivalence ? En langage ordinaire, elle veut dire que par l'effet d'une ignorance, dont notre langue scientifique est encore l'expression, nous avons bien pu classer les phénomènes de la nature dans des ordres différents, parce qu'ils nous semblaient différents, mais qu'en réalité les phénomènes de ces ordres ont des causes dans les autres ordres ; que les facultés nobles ont leur cause et leur garantie dans le fonctionnement des facultés inférieures, que la pensée a pour antécédent nécessaire la vie et un milieu physique.

L'esprit de l'homme a toujours voulu ardemment un système de la nature et toujours aspiré à pénétrer le secret du monde. Dans son enfance, il l'a demandé aux religions. Elles lui ont répondu, mais leurs réponses n'ont pu se maintenir devant le développement des sciences. Plus tard, l'homme s'est adressé aux philosophies, et la Grèce antique a épuisé pour le satisfaire des trésors de pensées. Aujourd'hui, après la chute de l'hégélianisme, la science est la seule autorité qui puisse répondre et reprendre avec ses méthodes et *dans les limites de l'homme*, l'œuvre que les religions et les philosophies ont été impuissantes à accomplir. Une science générale s'élèvera-t-elle et tiendra-t-elle lieu de ces synthèses si longtemps cherchées ? Nous l'espérons. Mais si notre

espérance devait être déçue, si les sciences particulières arri-
vées à leur complet achèvement devaient rester condamnées
à l'isolement, l'effort qu'on tente aujourd'hui ne serait pas
pour cela frappé de stérilité. Tandis que les monuments des
cosmologies religieuses et philosophiques se sont écroulés et
jonchent le sol de leurs débris, les sciences formant à elles
seules des édifices complets resteraient debout, et prouve-
raient que, lorsqu'il se borne au domaine de la nature, le
travail de l'homme ne se dépense jamais en vain (1).

De la découverte des équivalences cosmiques date cette
science générale, et la médecine n'est plus désormais qu'un
chapitre des autres sciences exactes de l'univers.

(1) Cazelles, ouvrage cité. Préface.

FIN.

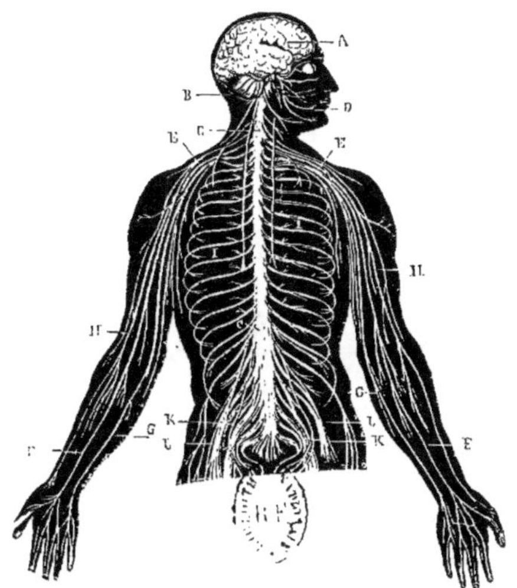

Figure schématique pour montrer la disposition du système nerveux (1).

A. Cerveau. — B. Cervelet. — C, C. Moelle. — D. Nerfs crâniens. — E, E. Nerfs du plexus brachial. — F, F. Nerf médian. — G, G. Nerf cubital. — H, H. Nerf musculo-cutané. — I, I. Nerfs intercostaux. — J. J. Nerf crural. — K, K. Branches collatérales du plexus lombaire.

(1) J. A. Fort, *Anatomie descriptive et dissection*. 2ᵉ édit. Paris, 1868, t. II p. 535.

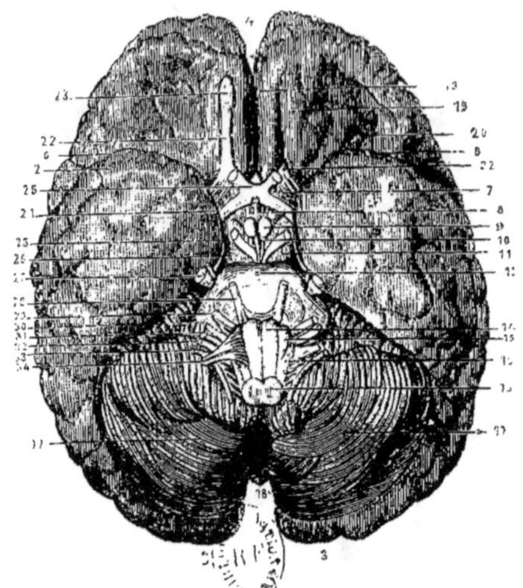

Face inférieure de l'encéphale (d'après L. Hirschfeld) (1).

1, 1. Lobe antérieur du cerveau. — 2. Partie sphénoïdale du lobe postérieur. — 3, 3. Partie occipitale du même lobe. — 4. Extrémité antérieure de la scissure médiane ou interhémisphérique du cerveau. — 5. Extrémité postérieure de cette scissure. — 6, 6. Scissure de Sylvius. — 7. Quadrilatère perforé répondant à l'extrémité interne de cette scissure. — 8. Corps cendré et tige pituitaire. — 9. Tubercules mamillaires. — 10. Espace interpédonculaire. — 11. Pédoncules cérébraux. — 12. Protubérance annulaire. — 13. Bulbe rachidien. — 14. Pyramides antérieures. — 15. Corps olivaire. — 16. Corps restiforme qu'on ne peut ici qu'entrevoir. — 17, 17. Hémisphères cérébelleux. — 18. Scissure qui sépare ces hémisphères. — 19, 19. Première et seconde circonvolution de la face inférieure du lobe frontal, anfractuosité qui les sépare. — 20. Circonvolutions externes du lobe frontal. — 21. Bandelette des nerfs optiques. — 22. Nerf olfactif. — 22'. Coupe de ce nerf destinée à montrer sa forme prismatique et triangulaire; son tronc a été enlevé pour laisser voir l'anfractuosité qu'il occupe. — 23. Ganglion du nerf olfactif. — 24. Chiasma des nerfs optiques. — 25. Nerf moteur oculaire commun. — 26. Nerf pathétique. — 27. Nerf trijumeau. — 28. Nerf moteur oculaire externe. — 29. Nerf facial. — 30. Nerf acoustique, séparé du précédent par le nerf de Wrisberg. — 31. Nerf glosso-pharyngien. — 32. Nerf pneumogastrique. — 33. Nerf spinal. — 34. Nerf grand hypoglosse.

(1) Sappey, *Traité d'anatomie descriptive*, 2ᵉ édit. Paris, 1872, t. III, p. 49.

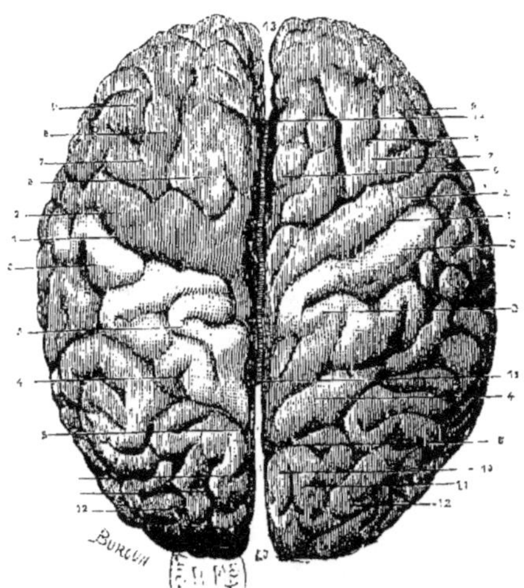

Face supérieure ou convexe du cerveau (1).

1, 1. Scissure de Rolando. — 2, 2. Circonvolution pariétale antérieure. — 3, 3. Circonvolution pariétale postérieure. — 4, 4. Circonvolution pariétale accessoire. — 5, 5. Anfractuosité profonde qui sépare le groupe des circonvolutions pariétales du groupe des circonvolutions occipitales ; cette anfractuosité se continue sur le bord supérieur des hémisphères avec celle qui limite en arrière le groupe moyen des circonvolutions de la face interne. — 6, 6. Circonvolution frontale interne. — 7, 7. Circonvolution frontale qui part, comme la précédente, de la circonvolution pariétale antérieure, et qui ne tarde pas à se dédoubler pour donner naissance aux circonvolutions frontale moyenne et frontale externe. — 8, 8. Circonvolution frontale moyenne. — 9, 9. Circonvolution frontale externe. — 10, 10. Circonvolution occipitale interne. — 11, 11. Circonvolution occipitale moyenne. — 12, 12. Circonvolution occipitale externe. — 13, 13. Grande scissure du cerveau, ou scissure interhémisphérique. — 14. Extrémité antérieure du corps calleux. — 15. Son extrémité postérieure.

(1) Sappey, *Traité d'anatomie descriptive*, 2ᵉ édit. Paris, 1872, t. III, p. 59.

ERRATA.

Page 10, ligne 7 : Helbronn, *lisez* Heilbronn

— 13, ligne 4 : à l'air et aux...., *lisez* à l'air et des

— 17, dernière ligne : yate, *lisez* yale

— 20, ligne 4 : utopie, *lisez* entropie

— 34, ligne 4 : éther chlorhydrique, C^2H^5, *lisez* C^2H^4

— 36, 3e expérience : 23.308 p. 100, *lisez* 23,307 p. 100

— 39, ligne 7 : 37°, *lisez* 36°

— 39, ligne 19 : 0,005, *lisez* 0,003

— 43, ligne 15 : 100, *lisez* 1000

— 46, Müller.

$$\left. \begin{array}{c} 56 \\ 27 \\ 61 \\ 67 \end{array} \right\} \textit{lisez} \left\{ \begin{array}{c} 35 \\ 30 \\ 69 \\ 66 \end{array} \right.$$

— 46, Bourgoin, 20,30, *lisez* 20,38

— 53, avant-dernière ligne : $C^{44}H^{90}AzOO^9$, *lisez* $C^{44}H^{90}AzPO^9$

— 56, ligne 3 : *supprimez la fin de l'alinéa depuis* au même titre, *jusqu'à* tissu du foie

— 91, 2e tableau, ligne 2, second chiffre : 8, *lisez* 9

— 91, 2e tableau, ligne 3, second chiffre : 8, *lisez* 9

— 91, 2e tableau, ligne 7, second chiffre : 1, *lisez* 2

— 130, tableau : *lisez* Méningite......... 86

— 145, ligne 12 : 1338, *lisez* 1838

— 160, ligne 17, 3e colonne : 6,26, *lisez* 16,26

— 160, ligne 31, 3e colonne : 22,73, *lisez* 25,73

— 164, ligne 23 : azote $12^{gr}{,}22$, *lisez* $12^{gr}{,}00$

— 164, ligne 26 : 18,15, *lisez* 17,75

— 164, ligne 26 : 241, *lisez* 244

— 177, ligne 5 : 7000 (Liebig), *lisez* 6 900 000

— 177, tableau, œufs durs, 2e colonne : 6273, *lisez* 6321

— 181, dernière ligne : Fiek, *lisez* Fick

— 190, ligne 11 : Leydig, *lisez* Liebig

— 203, colonne 5, tableau 2 : 0,3227, *lisez* 0,3277

17

TABLE DES MATIÈRES

FIN DE LA TABLE DES MATIÈRES.

PARIS. — IMPRIMERIE DE E. MARTINET, RUE MIGNON, 2.

NOUVELLES PUBLICATIONS

DE LA

LIBRAIRIE ADRIEN DELAHAYE

PARIS, PLACE DE L'ÉCOLE-DE-MÉDECINE.

AGABEG. **De l'épilepsie et de sa guérison**, traduit de l'anglais. In-12 de 40 pages.
1 fr.

Agenda-Formulaire des médecins-praticiens, publié sous la direction de M. le docteur Bossu, paraissant tous les ans, du 1ᵉʳ au 10 décembre, 1 vol. in-18 de 400 pages, broché. 1 fr. 75
Reliures depuis 3 fr. jusqu'à 9 fr.

ALLING. **De l'absorption par la muqueuse vésico-uréthrale.** In-8. 1 fr. 50

Almanach général de médecine et de pharmacie, pour la France, l'Algérie et les colonies, publié par l'administration de l'*Union médicale*, paraissant tous les ans du 1ᵉʳ au 10 décembre. 1 vol. in-12 d'environ 600 pages. 4 fr.

AMANIEU. **Vertiges, siége et causes.** In-8. 1 fr. 50

ANGER (B.). **Pansement des plaies chirurgicales.** In-8 de 230 pages. 3 fr. 50

ANNER. **Étude des causes de la mortalité excessive des enfants pendant la première année de leur existence, et des moyens de la restreindre ; recherches sur l'infanticide.** 1 vol. in-12. 2 fr. 50

ANNER. **Guide des mères et des nouveau-nés.** Ouvrage couronné par la Société protectrice de l'enfance de Paris en séance publique du 23 janvier 1870. 1 vol. in-18 de 200 pages. 2 fr.

ARMAINGAUD. **Pneumonies et fièvres intermittentes pneumoniques.** In-8 de 40 pages, et tracés thermographiques. 2 fr.

AUDHOUI. **Réflexions sur la nature des varioles observées aux ambulances de Grenelle pendant le siége de Paris.** In-8 de 63 pages. 1 fr.

BACCELLI, professeur de clinique médicale à l'Université de Rome. **Leçons cliniques sur la Perniciosité**, précédées d'une lettre du professeur Teissier (de Lyon), traduites de l'italien par L. Jullien, interne des hôpitaux de Lyon, in-8. 2 fr.

BACCELLI. **Leçons de clinique médicale**, 2ᵉ fascicule : de l'empyème vrai ; de la fièvre subcontinue, traduites de l'italien par G. JULLIEN, interne des hôpitaux de Lyon. 2 fr

BARQUISSAU. **De l'éclampsie puerpérale.** In-8. 2 fr.

BARTHAREZ. **Du traitement des hémorrhagies de matrice par le sulfate de quinine.** In-8 de 42 pages. 1 fr. 50

BASSAGET. **Le matérialisme et le vitalisme en médecine**, étude comparée. In-8. 2 fr.

ENVOI FRANCO PAR LA POSTE, CONTRE UN MANDAT.

BAZIN. **Leçons théoriques et cliniques sur la syphilis et les syphilides,** professées à l'hôpital Saint-Louis par le docteur BAZIN, publiées par le docteur DUBUC, revues et approuvées par le professeur, 2ᵉ édition considérablement augmentée, 1 vol. in-8 accompagné de 4 magnifiques planches sur acier, figures coloriées. 10 fr. Sépia. 8 fr.

BAZIN. **Leçons sur le traitement des maladies chroniques en général, et des affections de la peau en particulier, par l'emploi comparé des eaux minérales, de l'hydrothérapie et des moyens pharmaceutiques,** professées à l'hôpital Saint-Louis par le docteur BAZIN, rédigées et publiées par E. MAUREL, interne des hôpitaux, revues par le professeur. 1 vol. in-8 de 480 pages. Prix, broché, 7 fr.; cartonné en toile. 8 fr.

BELINA (DE). **De la transfusion du sang défibriné,** nouveau procédé pratique. In-8 de 66 pages. 2 fr.

BÉRENGER FÉRAUD. **Traité de l'immobilisation directe des fragments osseux dans les fractures.** 1 vol. in-8 de 768 pages, avec 102 figures dans le texte. 10 fr.
— **Traité des fractures non consolidées ou pseudarthroses.** 1 vol. in-8 de 700 pages, avec 102 figures dans le texte. 10 fr.

BERGERON (G.). **Des caractères généraux des affections catarrhales aiguës.** In-8 de 73 pages. 2 fr.

BERTIN. **Étude clinique de l'emploi et des effets du bain d'air comprimé dans le traitement des maladies de poitrine,** etc. 2ᵉ édition, 1 vol. in-8 de 741 pages, et 1 planche. 7 fr. 50

BERTIN. **Étude critique de l'embolie dans les vaisseaux veineux et artériels.** 1 vol. in-8 de 492 pages. 8 fr.

BES. **De l'érythème noueux dans certaines maladies.** In-8 de 80 pages. 2 fr.

BEVERLEY- **De la thrombose cardiaque dans la diphthérie.** In-8 de 113 pages. 2 fr. 50

BILHAUT. **Étude sur la température dans la phthisie pulmonaire.** In-8 de 51 pages et 4 planches. 1 fr. 75

BLANC. **Étude sur le cancer primitif du larynx.** In-8 de 92 pages et 1 planche. 2 fr. 50

AQUART. **Étude critique sur la digitaline au point de vue chimique et physiologique.** In-8 de 94 pages. 2 fr.

BOEHM. **De la thérapeutique de l'œil, au moyen de la lumière colorée,** traduit de l'allemand par KLEIN, traducteur de l'*Optique physiologique* de Helmholtz, avec 2 planches coloriées. 1 vol. in-8. 4 fr.

BOILLET. **Malades et médecins.** 1 vol. in-12. 1 fr. 50

BOILLET. **Les instincts des malades peuvent-ils servir à leur guérison ?** In-12. 1 fr. 25

BOREL. **Optique pathologique. Des lunettes après l'opération de la cataracte.** In-8. 1 fr.

BOSSU. **Anthropologie**, étude des organes, des fonctions et des maladies de l'homme et de la femme, contenant l'anatomie, la physiologie, l'hygiène, la pathologie, la thérapeutique et les principales notions de médecine légale. 2 forts vol. in-8 compactes, accompagnés d'un atlas de 20 planches d'anatomie gravées sur acier. *Sixième édition*, revue, corrigée et augmentée. Avec figures noires. 15 fr.
  Avec figures coloriées. 21 fr.

BOSSU. **Traité des plantes médicinales indigènes**, précédé d'un cours de botanique. 3ᵉ édition. 1 vol. in-8 et atlas. Avec figures noires. 13 fr.
  Avec figures coloriées. 22 fr.

BOUGARD. **Les eaux chlorurées sodiques thermales de Bourbonne-les-Bains et les eaux similaires d'Allemagne.** In-8. 1 fr.

BOURDIN. **Médecine et matérialisme.** In-18 de 16 pages. 50 c.

BOURGEOIS. **De la congestion pulmonaire simple.** In-8 de 92 pages. 2 fr.

BOURGOIN. **De l'alimentation des enfants et des adultes dans une ville assiégée, et en particulier de la viande de cheval.** In-8. 1 fr.

BOURGOIN. **Du blé, sa valeur alimentaire en temps de siége et de disette.** In-8. 75 cent.

BOURNEVILLE. **Études cliniques et thermométriques sur les maladies du système nerveux.** 1 vol. in-8 accompagné de 40 figures dans le texte.

BOURNEVILLE. **De l'antagonisme de la fève de Calabar et de l'atropine.** In-8. 75 cent.

BOURNEVILLE et VOULET. **De la contracture hystérique permanente.** In-8 de 107 pages. 2 fr. 50

BOURGOUGNON. **Notes pour servir à l'étude de la coralline.** In-8 de 16 p. 75 c.

BOYER (JULES). **Guérison de la phthisie pulmonaire et de la bronchite chronique à l'aide d'un traitement nouveau.** *Neuvième édition*, in-8 de 136 pages. 1 fr. 50

BRÉBANT. **Le Charbon**, ou Fermentation bactéridienne chez l'homme, physiologie pathologique et thérapeutique rationnelle. In-8 de 140 pages. 2 fr.

BRINTON (W.). **Traité des maladies de l'estomac.** Ouvrage traduit par le docteur A. RIANT, précédé d'une Introduction par M. le professeur Ch. LASÈGUE. 1 vol. in-8 de 520 pages, avec figures dans le texte. Prix du volume cartonné en toile. 7 fr.

BRUC (de). **Formulaire médical des familles.** 2ᵉ édition, 1 vol. in-12 de 595 pages. 5 fr.

BRUC (de). **Guérison du cancer.** Découverte d'un traitement spécifique. In-8. 2 fr.

BUCQUOY. **Leçons cliniques sur les maladies du cœur**, professées à l'Hôtel-Dieu de Paris. *Deuxième édition*, 1 vol. in-8 de 170 pages, avec figures dans le texte. Prix du volume cartonné. 4 fr.

BURILL. **De l'ivrognerie et des moyens de la combattre.** In-8 de 88 pages.
2 fr.

BUYS (Léopold). **Traitement des kystes de l'ovaire, du pyothorax, de l'hydro-thorax, des plaies, etc., par la compression et l'aspiration continues, procédés et appareils nouveaux.** 1 vol. in-8, avec 3 grandes planches lithographiées et coloriées.
3 fr.

CADE. **Avantages de la dépresso-réclinaison et des divers procédés opératoires à l'aiguille dans le traitement de la cataracte.** In-8 de 16 pages.
50 cent.

CAIZERGUES. **Les microzymas, ce qu'il faut en penser.** In-8 de 84 pages et 5 planches.
3 fr. 50

CAMPOS BAUTISTA. **De la galvanocaustique chimique comme moyen de traitement des rétrécissements de l'urèthre.** In-4 de 162 pages avec figures dans le texte.
3 fr. 50

CARLET. **Du rôle des sciences accessoires et en particulier des sciences exactes en médecine.** In-8 de 63 pages.
2 fr.

CASTAN. **Traité élémentaire des diathèses.** 1 vol. in-8 de 467 pages.   6 fr.

CASTAN. **Traité élémentaire des fièvres.** 2e édition. 1 vol. in-8.   7 fr.

CAULET. **Étude médicale sur la cure de Carsbald (Bohême).** In-8.   1 fr.

CERVIOTTI. **Étude sur les vêtements chez l'homme et chez la femme dans leurs rapports avec l'hygiène.** In-8 de 86 pages.
2 fr.

CHALLAND. **Étude expérimentale et clinique sur l'absinthisme et l'alcoolisme.** In-8.
2 fr.

CHALVET. **Des moyens pratiques d'obvier à la mortalité des enfants nouveau-nés.** In-8.
1 fr.

CHANTREUIL. **Du cancer de l'utérus au point de vue de la conception, de la grossesse et de l'accouchement.** In-8 de 96 pages.   2 fr. 50

CHANTREUIL. **Des applications de l'histologie à l'obstétrique.** 1 vol. in-8 de 190 pages.
3 fr. 50

CHARCOT. **Leçons sur les maladies du système nerveux,** recueillies et publiées par le docteur BOURNEVILLE. 1er et 2e fascicules in-8 avec fig. Prix de chacun.   2 fr.

CHARPENTIER, interne en médecine et en chirurgie des hôpitaux de Paris. **Étude sur le scorbut en général, l'épidémie de 1871 en particulier.** In-8.   1 fr. 75

CHARPENTIER (A.), professeur agrégé à la Faculté de Paris, etc. **De l'influence des divers traitements sur les accès éclamptiques** In-8 de 148 pages.   3 fr.

CHARVOT. **Température, pouls, urines dans la crise et la convalescence de quelques pyrexies, pneumonie, fièvre typhoïde, rhumatisme articulaire.** In-8 de 62 pages et 14 planches.
2 fr. 50

CHAVÉE. **Petit essai philosophique de médecine pratique,** à l'adresse des gens instruits. 1 vol. in-8.
5 fr.

CHÉRON (Jules). **Du traitement du rhumatisme articulaire chronique, primitif, généralisé ou progressif, par les courants continus constants.** In-8 de 44 pages.   1 fr.

CHÉRON (Jules) et MOREAU-WOLF. **Des services que peuvent rendre les courants continus constants dans l'inflammation, l'engorgement et l'hypertrophie de la prostate.** In-8 de 31 pages.   1 fr.

CLAPARÈDE. **Inflammations et catarrhe de la vessie, gravelle, des divers moyens de combattre ces affections.** 1 vol. in-8 de 268 pages avec 60 figures intercalées dans le texte et 3 planches.   4 fr.

COLETTE. **Sur une forme d'arthropathie.** In-8 de 56 pages.   1 fr. 50

Comptes rendus des séances et Mémoires de la Société de biologie. Tome IIe de la 5e série, année 1870, 22e de la collection. 1 vol. avec 4 planches lithographiées.   7 fr.

Conférence médicale de Paris. Discussion sur la variole et la vaccine, par MM. Caffe, Dally, Gallard, Marchal (de Calvi), Lanoix, Tardieu, Revillout, etc. 1 vol. in-8 de 192 pages.   3 fr. 50

CORNILLON. **Des accidents des plaies pendant la grossesse et l'état puerpéral,** In-8 de 70 pages.   2 fr.

COURTAUX. **De la fièvre syphilitique.** In-8 de 75 pages.   2 fr.

COUYBA. **Des troubles trophiques consécutifs aux lésions traumatiques de la moelle et du nerf.** In-8, 66 pages.   2 fr.

CREVAUX. **De l'hématurie chyleuse ou graisseuse des pays chauds.** In-8 de 62 pages.   2 fr.

CULOT. **De l'inflammation primitive aiguë de la moelle des os.** In-8.   2 fr.

DANET. **De l'alcool dans le traitement des maladies puerpérales,** suites de couches et de la résorption purulente. In-8 de 36 pages.   1 fr. 25

DEBOUT, médecin-inspecteur. **Des eaux minérales de Contrexéville** et de leur emploi dans le traitement de la goutte, la gravelle et le catarrhe vésical. 2e édition, In-8.   2 fr.

DEBRAY. **De l'Eucalyptus globulus.** In-8.   2 fr.

DÉCLAT. **De la curation des maladies de la peau,** spécialement des maladies comprises sous le nom de *dartres*, à l'aide de la nouvelle médication phéniquée. In-12.   2 fr.

DELAPORTE. **De la gastrotomie dans les étranglements internes.** In-8 de 80 pages.   2 fr.

DELBARRE. **De la dénudation des artères.** In-8 de 66 pages.   1 fr. 50

DELENS. **De la communication de la carotide et du sinus caverneux** (anévrysme artérioso-veineux). In-8 de 90 pages, avec 2 planches coloriées.   3 fr. 50

DELENS. **De la sacro-coxalgie.** 1 vol. in-8 de 118 pages et 2 planches.   3 fr.

DELSTANCHE. **Étude sur le bourdonnement de l'oreille.** In-8 de 100 p. 2 fr.

DEMEULES, interne des hôpitaux de Paris, etc. **Pronostic et traitement des fractures de jambe compliquées de plaie.** In-8. 2 fr.

DEPAUL. **Leçons de clinique obstétricale** professées à l'hôpital des Cliniques, rédigées par M. le docteur DE SOYRE, chef de clinique. 1 vol. in-8 avec figures intercalées dans le texte. Prix de l'ouvrage complet pour les souscripteurs. 14 fr·
La 2ᵉ partie paraîtra au mois de mai 1873.

DEPAUL. **Sur la vaccination animale.** In-8. 2 fr.

DEPAUL. **Sur la vaccination animale et la syphilis vaccinale.** In-8. 1 fr. 50

DEPAUL. **De la rétention d'urine chez l'enfant pendant la vie fœtale,** étudiée surtout comme cause de dystocie. In-8. 1 fr. 50

DEPAUL. **Rapport sur des accidents graves,** suite de la vaccination, qui se sont produits dans le département du Morbihan. In-8. 50 cent.

DERLON. **De l'influence des progrès des sciences sur la thérapeutique.** Étude des connaissances chimiques et pharmacologiques nécessaires au traitement des maladies. 1 vol. in-8 de 174 pages. 3 fr.

DESNOS. **Considérations sur le diagnostic, le pronostic et la thérapeutique de quelques-unes des principales formes de la variole.** Grand in-8 de 8 pages. 50 c.

DESNOS et HUCHARD. **Des complications cardiaques dans la variole et notamment de la myocardite varioleuse.** In-8. 1 fr. 50

DESPRÉS, chirurgien de l'hôpital de Lourcine, professeur agrégé, etc. **Traité iconographique de l'ulcération et des ulcères du col de l'utérus.** 1 vol. in-8, avec planches lithographiées et coloriées. 5 fr.

DIEULAFOY. **De la contagion.** In-8 dé 148 pages. 3 fr.

DUBREUIL (E.). **Étude anatomique et histologique sur l'appareil générateur du genre Hélix.** In-8 de 60 pages et 1 planche. 2 fr.

DUFOUR (E.). **De l'encombrement des asiles d'aliénés,** étude sur l'augmentation toujours croissante de la population des asiles d'aliénés; ses causes, ses inconvénients, et des moyens d'y remédier. Mémoire couronné par la Société de médecine de Gand. In-8 de 107 pages. 2 fr.

DUPIERRIS. **De l'efficacité des injections iodées dans la cavité de l'utérus pour arrêter les métrorrhagies qui succèdent à la délivrance,** et de leur action comme moyen préservatif de la fièvre puerpérale. In-8 de 96 pages. 2 fr.

DUPUY (PAUL). **Du libre arbitre.** Grand in-8 de 64 pages. 2 fr.

DUSART. **Recherches expérimentales sur le rôle physiologique et thérapeutique du phosphate de chaux.** 1 vol. in-12 de 158 pages. 2 fr.

EMIN. **Études sur les affections glaucomateuses de l'œil.** 1 vol. in-8 de 131 pages, avec 4 planches coloriées. 5 fr.

ENVOI FRANCO PAR LA POSTE, CONTRE UN MANDAT.

EUSTACHE. **Apprécier l'influence des travaux modernes sur la connais-sance et le traitement des maladies virulentes en général.** In-8 de 90 pages. 2 fr. 50

FAID. **Des troubles de la sensibilité générale dans la période secondaire de la syphilis**, et notamment de l'analgésie syphilitique. In-8 de 132 pag. 3 fr. 50

FANO, professeur agrégé à la Faculté de médecine de Paris. **Traité élémentaire de chirurgie.** 2 forts vol. in-8 avec 307 figures dans le texte. 28 fr.

FERRAS. **De la laryngite syphilitique.** In-8 de 86 pages. 2 fr.

FIGUEROA. **Des obstacles que le col utérin peut apporter à l'accouchement.** In-8 de 99 pages. 2 fr.

FLAMAIN. **Étude sur les procédés opératoires applicables à l'amputation tibio-tarsienne.** In-8. 1 fr. 50

FORT. **Anatomie descriptive et dissection**, contenant un précis d'embryologie, la structure microscopique des organes et celle des tissus. 2e édition très-augmentée. 3 vol. in-12, avec 662 figures intercalées dans le texte. 25 fr.

FORT. **Résumé d'anatomie.** 1 vol. in-32 de 520 pages, avec 73 figures intercalées dans le texte. 5 fr.

FORT. **Traité élémentaire d'histologie.** 2e édition. 1 vol. in-8 avec 500 figures intercalées dans le texte. 14 fr.

FORT. **Anatomia descriptiva y disseccion con un resumen de embriologia y generacion y la estructura microscopica de los tejidos y de los organos.** Traduccion espanola de la francesa bajo la direccion del autor por el Doctor R. de Armas y Cespedes, 2 tomos con figuras intercaladas en el texto. 16 fr.

FOUCHER, professeur agrégé à la Faculté de médecine de Paris, chirurgien des hôpitaux, etc. **Traité du diagnostic des maladies chirurgicales**, avec appendice, et **Traité des tumeurs**, par A. DESPRÉS, professeur agrégé à la Faculté de médecine de Paris, chirurgien des hôpitaux. 1 vol. in-8 de 1162 pages et 57 figures intercalées dans le texte, avec un joli cart. en toile. 18 fr.

FOUILLOUX. **Essai sur le pansement immédiat des plaies d'amputation par le perchlorure de fer.** In-8 de 57 pages. 1 fr. 50

FOURCY (Eugène de), ingénieur en chef du corps des mines. **Vade-mecum des herborisations parisiennes,** conduisant sans maître aux noms d'ordre, de genre et d'espèce de toutes les plantes spontanées ou cultivées en grand dans un rayon de 25 lieues autour de Paris. 3e édition comprenant les mousses et les champignons. 1 vol. in-18 de 309 pages. 4 fr. 50

FOURNIÉ (ÉDOUARD). **Physiologie de la voix et de la parole.** 1 vol. in-8 de 816 pages, avec figures dans le texte. 10 fr.

FOURNIÉ (ED.). **Physiologie du système nerveux cérébro-spinal d'après l'analyse physiologique des mouvements de la vie.** 1 vol. in-8 de 832 pages avec un joli cart. en toile. 12 fr.

FOURNIER (ALFRED), professeur agrégé, médecin de l'hôpital de Lourcine. **Leçons cliniques sur la syphilis** étudiées plus particulièrement chez la femme. 1 fort vol. in-8,

FOURNIER (ALFRED). **Fracastor : la Syphilis, 1530; le Mal français, 1546;** traduction et commentaires. 1 vol. in-12 de 210 pages. 2 fr. 50

FOURNIER. **Diagnostic général du chancre syphilitique.** Leçon recueillie et rédigée par Gripat, interne des hôpitaux. 1 fr. 25

FOURNIER. **Note sur un cas de gomme syphilitique.** 50 cent.

FREDET. **Étude médico-légale des effets de la foudre sur l'homme.** Lésions anatomiques observées sur l e cadavre d'un foudroyé. 75 cent.

FREIDRICH. **Traité pratique des maladies du cœur.** Ouvrage traduit de l'allemand par le docteur DOYON. 1 vol. in-8.

GAUTIER (JULES). **De la fécondation artificielle dans le règne animal,** et de son emploi contre la stérilité. 1 vol. in-12 de 46 pages. 1 fr.

GAYAT. **Étude sur les corps étrangers de la conjonctive et de la cornée.** In-8. 1 fr. 25

GEORGESCO. **Du scorbut.** Épidémie observée pendant le siége de Paris. In-8 de 76 pages. 2 fr.

GIGARD. **Deux points de l'histoire du favus.** In-8 de 51 pages et 2 planches. 2 fr.

GIMBERT. **L'Eucalyptus globulus;** son importance en agriculture, en hygiène et en médecine. Grand in-8 de 102 pages et 3 planches. 3 fr. 50

GIRARD. **Les matières glucogènes et les sucres au point de vue chimique et physiologique.** In-8 de 80 pages. 2 fr. 50

GIRAUD. **Du délire dans le rhumatisme articulaire aigu.** In-8, 110 p. 2 fr.

GIRAULT. **Étude sur la génération artificielle dans l'espèce humaine.** In-8 de 16 pages. 1 fr.

GLATZ. **Résumé clinique sur le diagnostic et le traitemen des différentes espèces de néphrites et de la dégénérescence amyloïde d reins.** In-8 de 62 pages et 2 planches. 2 fr.

GOURVAT. **Physiologie expérimentale sur la digitale et la digitaline.** In-8. 2 fr.

GRAEFE (DE). **Des paralysies du muscle moteur de l'œil,** traduit de l'allemand par A. SICHEL, revu par le professeur. 1 vol. in-8 de 220 pages. 3 fr. 50

GRAVES. **Leçons de clinique médicale,** ouvrage traduit et annoté par le docteur Jaccoud, précédé d'une introduction par le professeur Trousseau. 3e édition, 2 vol. in-8. 20 fr.

GREMION-MENUAUD. **Étude sur la réduction de luxations anciennes d'origine traumatique par les machines.** In-8 de 62 p. avec 2 pl. dans le texte. 2 fr.

GUÉNIOT. **De l'opération césarienne à Paris,** et des modifications qu'elle comporte dans son exécution. In-8. 75 cent.

GUÉNIOT. **De la guérison par résorption des tumeurs dites fibreuses de l'utérus.** In-8. 50 cent.

GUÉRIN (J. C.). **La santé** ; hygiène et régime à suivre pour se bien porter ; comment on peut rétablir sa santé. 2ᵉ édition. 1 vol. in-8. 2 fr.

GUICHARD (AMBROISE). **Recherches sur les injections utérines en dehors de l'état puerpéral.** Grand in-8 de 184 pages. 3 fr. 50

HALLOPEAU. **Des accidents convulsifs dans les maladies de la moelle épinière.** In-8. 2 fr.

HAMEL. **Du rash variolique** (*Variolus rash* des Anglais). In-8 de 100 pages. 2 fr.

HAYEM. **Études sur le mécanisme de la suppuration.** In-8 de 32 pages. 1 fr.

HAYEM. **Des hémorrhagies intra-rachidiennes.** In-8 de 232 pages. 4 fr.

HŒPFFNER. **De l'urine dans quelques maladies fébriles.** In-8 de 94 pages et 8 tableaux. 2 fr. 50

HERVIEUX, médecin de la Maternité de Paris. **Traité clinique et pratique des maladies puerpérales, suites de couches.** 1 vol. in-8 de 1165 pages, avec figures dans le texte. Le volume cartonné. 16 fr.

HESTRÉS. **Étude sur le coup de chaleur.** Maladie des pays chauds. In-8 de 135 pages. 2 fr. 50

HUCHARD. **Étude sur les causes de la mort dans la variole.** In-8 de 70 pages. 2 fr.

HUTIN et BOTTENTUIT. **Guide des baigneurs aux eaux minérales de Plombières.** 1 vol. de 224 pages avec figures dans le texte. Cart. 2 fr. 50

HYBORD. **Du zona ophthalmique et des lésions oculaires qui s'y rattachent.** In-8 de 160 pages et 4 planches. 3 fr. 50

INZANI. **Recherches sur la terminaison des nerfs dans les muqueuses des nerfs, dans les muqueuses des sinus frontaux et maxillaire.** In-8 75 cent.

JACCOUD, professeur agrégé à la Faculté de médecine de Paris. **Traité de pathologie interne.** 2 vol. in-8 avec 33 planches en chromolithographie. 2ᵉ édition. 25 fr.

JOB. **Malades et blessés** : ambulance de l'hôpital Rothschild pendant le siége de Paris. In-8. 1 fr. 50

LACASSAGNE. **De la putridité morbide et de la septicémie.** Histoire des théories anciennes et modernes. In-8 de 138 pages. 3 fr. 50

LAFFITTE (L). **Essai sur les aphonies nerveuses et réflexes.** In-8 de 70 pages. 2 fr.

LAFITTE. **Des kystes des parties molles de la jambe.** In-8 de 80 pages. 2 fr.

LAMBERT (DE). **De l'emploi des affusions froides dans le traitement de la fièvre typhoïde et des fièvres éruptives.** In-8 de 75 pages. 2 fr.

LAMBLIN. **Étude sur la lèpre tuberculeuse, ou éléphantiasis des Grecs.** 1 vol. in-8, ouvrage orné de gravures dans le texte. 3 fr. 50

LANCEREAUX, **De la maladie expérimentale comparée à la maladie spon-tanée**. In-8 de 132 pages. 2 fr. 50

LANDRIEUX, **Des pneumopathies syphilitiques**. In-8 de 80 pages. 2 fr.

LANGLEBERT. **La syphilis dans ses rapports avec le mariage**. 1 vol. in-12. 3 fr.

LARGUIER DES BANCELS. **Étude sur le diagnostic et le traitement chirur-gical des étranglements internes**. In-8 de 144 pages. 3 fr.

LARRIEU. **Des hémorrhagies rétiniennes**. In-8 de 118 pages. 2 fr. 50

LARROQUE. **Traitement complémentaire et prophylactique du lymphatisme et de la scrofule confirmée**. 64 observations à l'appui. 1 vol. in-8. 3 fr. 50

LASSERRE. **Étude sur l'isolement considéré comme moyen de traitement dans la folie**. In-8 de 88 pages. 2 fr.

LATOUR (A.). **Journal du bombardement de Châtillon**, avril et mai 1871. In-8. 2 fr.

LAUGAUDIN. **Contribution aux indications curatives des eaux de Royat**. In-8 de 190 pages. 2 fr.

LAURENT (Ch.). **De l'hyoscyamine et de la daturine**, étude physiologique, applica-tion thérapeutique. Grand in-8 de 123 pages, avec figures. 3 fr.

LAVAL. **Essai critique sur le delirium tremens**. In-8 de 85 pages. 2 fr.

LE BOEUF. **Étude critique sur l'expectation dans la pneumonie**. Grand in-8 de 98 pages. 2 fr.

LERICHE. **Du spina bifida crânien**. In-8, avec figures. 2 fr.

LETEINTURIER. **Du danger des opérations pratiquées sur le col de l'utérus**. In-8 de 39 pages. 1 fr. 50

LETEURTRE. **Documents pour servir à l'histoire du seigle ergoté**. In-8 de 107 pages. 2 fr. 50

LETONA. **Étude comparative des fièvres palustres.**. In-8 de 137 pages. 2 fr. 50

LEVEN. **Une épidémie de scorbut**. In-8 de 67 pages et 3 planches. 3 fr. 50

LEVI. **Diagnostic des maladies de l'oreille**. In-8 avec 3 planches en chromo-lithographie. 3 fr. 50

LOOMANS. **De la liberté humaine** considérée dans la vie intellectuelle et dans ses rapports avec le matérialisme. In-8 de 52 pages. 50 cent.

LOUSTAU. **Voies urinaires**. Étude sur la divulsion des rétrécissements du canal de l'urèthre (procédés de MM. HOLT et VOILLEMIER). In-8 de 91 pages et 2 planches. 2 fr. 50

MAGNAN. **Étude expérimentale et clinique sur l'alcoolisme** (alcool et absinthe, épilepsie absinthique). In-8 de 46 pages. 2 fr.

MALASSEZ. **Études sur le molluscum**. In-8 avec 3 planches. 2 fr.

MALLEZ. **Médication topique de l'urèthre**. Étude comparative de quelques moyens employés contre les écoulements uréthraux chroniques. In-8. 50 cent.

MALLEZ et DELPECH. **Thérapeutique des maladies de l'appareil urinaire.** 1 vol. in-8. 7 fr. 50

   Cartonné. 8 fr. 50

MALLEZ et A. TRIPIER. **De la guérison durable des rétrécissements de l'urèthre par la galvanocaustique chimique.** Mémoire couronné par l'Académie de médecine. In-8 de 35 pages, avec figures dans le texte, *deuxième édition.* 2 fr.

MARTIN (GUSTAVE). **Étude sur les plaies artérielles de la main et de la partie antérieure de l'avant-bras.** In-8 de 88 pages. 2 fr.

MARTIN. **De la circoncision,** avec un nouvel appareil inventé par l'auteur pour faire la circoncision. Nouveau procédé pour le débridement du phimosis congénital. Grand in-8 de 88 pages. 2 fr.

MASSEY (LUCIEN). **Mémoire sur le traitement médical et la guérison des affections cancéreuses,** suivi d'une Note sur le traitement de la syphilis. In-8 de 30 pages. 1 fr.

MAURIAC, médecin de l'hôpital du Midi. **Mémoire sur les affections syphilitiques précoces du système osseux.** In-8 de 100 pages. 2 fr. 50

MAURIAC. **Mémoire sur le paraphimosis.** In-8 de 48 pages. 1 fr. 50

MERCIER. **Traitement préservatif et curatif des sédiments de la gravelle, de la pierre urinaires, et de diverses maladies dépendant de la diathèse urique.** 1 vol. in-12 avec fig. intercalées dans le texte. 7 fr. Cart. 8 fr.

MICHAUD. **Sur la méningite et la myélite dans le mal vertébral.** Recherches d'anatomie et de physiologie pathologiques. 1 vol. in-8 de 88 pages et 3 planches. 2 fr. 50

MICHALSKI. **Étude sur la première dentition.** In-8 de 67 pages. 2 fr.

MISSET. **Étude sur la pathologie des glandes sébacées.** In-8 de 120 pages avec 4 planches. 3 fr. 50

MOLLIÈRE (D.). **Du nerf dentaire inférieur.** Anatomie et physiologie, anatomie comparée. In-8. 2 fr.

MOLLIÈRE (D.). **Recherches expérimentales et cliniques sur les fractures indirectes de la colonne vertébrale.** In-8. 1 fr. 50

MOREAU-WOLF. **Des rétrécissements de l'urèthre et de leur guérison radicale et instantanée par un procédé nouveau,** la *divulsion rétrograde.* Grand in-8 de 100 pages, avec figures dans le texte. 3 fr.

MOTET. **Siége de Paris.** L'ambulance militaire de Reuilly, annexe du Val-de-Grâce. In-8. 1 fr.

MOURA. **Angines aiguës ou graves:** origine, nature, traitement. In-8 de 68 pages. 2 fr.

MOUTARD-MARTIN, médecin de l'hôpital Beaujon. **La pleurésie purulente et son traitement.** 1 vol. in-8. 4 fr.

MURON. **Pathogénie de l'infiltration de l'urine.** In-8 de 72 pages. 2 fr.

NADAUD. **Paralysies obstétricales des nouveau-nés.** In-8 de 60 pages. 1 fr. 50

NAUDIER. **De l'obstruction des voies lacrymales.** In-8 de 91 pages. 2 fr.

NEPVEU. **Contribution à l'étude des tumeurs du testicule.** In-8 de 60 pages et 2 planches en chromolithographie. 2 fr. 50

NIÉPCE. **Quelques considérations sur le crétinisme.** In-8. 1 fr. 75

NIEDERKORN. **Contribution à l'étude de quelques-uns des phénomènes de la rigidité cadavérique chez l'homme.** 91 pages et 33 tableaux. 2 fr. 50

NONAT. Ancien médecin de la Charité, agrégé libre de la Faculté de Paris. **Traité pratique des maladies de l'utérus, de ses annexes et des organes génitaux externes.** 2º édition revue et augmentée avec la collaboration du docteur LINAS. 1 fort vol. in-8, avec figures dans le texte. 15 fr.

NYSTROM. **Du pied et de la forme hygiénique des chaussures,** avec une Préface du professeur SANTESSON, traduction de la 2º édition suédoise. In-8 de 46 pages, avec figures dans le texte. 1 fr. 50

OFF. **Des altérations de l'œil dans l'albuminurie et le diabète.** In-8 de 180 pages, avec 2 planches en chromolithographie. 4 fr. 50

OLLIER DE MARICHARD et PRUNER-BEY. **Les Carthaginois en France, la Colonie libo-phénicienne du Liby.** Gr. in-8 de 50 pages, avec 2 tableaux et 6 planches. 5 fr.

OLLIER DE MARICHARD. **Recherches sur l'ancienneté de l'homme dans les grottes et monuments mégalithiques du Vivarais.** 1 vol. in-8 avec 13 planches en partie coloriées. 7 fr.

PATÉZON. **Des coliques hépatiques,** et de leur traitement par les eaux minérales de Vittel (Vosges). In-8. 75 cent.

PÉAN et MALASSEZ. **Étude clinique sur les ulcérations anales.** 1 vol. in-8, avec figures et 4 pl. coloriées. 6 fr.

PELTIER. **L'ambulance nº 5.** In-8 de 109 pages. 1 fr. 50

PELTIER. **Pathologie de la rate.** In-8 de 110 pages. 2 fr. 50

PELTIER. **Étude sur les épanchements traumatiques primitifs de sérosité.** In-8. 1 fr. 50

PÉNIÈRES. **Des résections du genou.** In-8, de 120 pages. 3 fr.

PERIER. **Le château de Bourbon-l'Archambault.** Notice historique. In-8 avec 9 planches. 1 fr. 25

PERIER (G). **Guide aux eaux de Bourbon l'Archambault descriptif et médical.** 1 vol. in-12 de 242 pages. 2 fr. 50

PÉRONNE (CHARLES). **De l'alcoolisme dans ses rapports avec le traumatisme.** In-8 de 155 pages. 3 fr. 50

PÉTRASU. **De la tuberculose péritonéale étudiée principalement chez l'adulte** (Anatomie pathologique et forme clinique). In-8 de 78 pages. 2 fr.

PÉTRINI. **Des injections hypodermiques de chlorhydrate de narcéine.** In-8, avec tracées sphygmographiques. 2 fr.

PHÉLIPPEAUX. **Étude pratique sur les frictions et le massage,** ou Guide du médecin masseur. In-8 de 187 pages. 3 fr.

PIORRY. **Clinique médico-chirurgicale de la ville,** résumé et exposition de la doctrine et de la nomenclature organo-pathologique, observations et réflexions cliniques. 1 vol. in-8. 6 fr.

PLANCHE. **Apprécier l'influence des travaux modernes sur la connaissance de la fièvre, exposer les applications thérapeutiques résultant de cette étude.** In-8 de 68 pages. 2 fr.

POLACZEK. **De l'opportunité des grandes opérations.** In-8 de 67 pages. 2 fr.

POULIOT. **De la cystite du col,** de ses divers modes de traitement, et en particulier des instillations au nitrate d'argent. In-8 de 128 pages. 2 fr. 50

POUZOL. **Essai sur l'ictère.** In-8 de 107 pages. 2 fr. 50

PRAT. **Du panaris.** In-8 de 104 pages. 2 fr.

PUTÉGNAT. **Quelques faits d'obstétricie.** 1 vol. in-8. 7 fr.

QUINQUAUD. **Essai sur le puerpérisme infectieux chez la femme et chez le nouveau-né.** 1 vol. in-8 de 276 pages et 17 fig. intercalées dans le texte. 3 fr. 50

RATHERY. **Essai sur le diagnostic des tumeurs intra-abdominales chez les enfants.** In-8 de 136 pages. 2 fr. 50

RAYMOND (TH.). **Opérations préliminaires à l'extirpation des tumeurs** (écrasement linéaire, — galvanocaustie). De leur combinaison. In-8 de 100 pages. 2 fr.

REBATEL. **Recherches sur la circulation dans les artères coronaires.** In-8 de 32 pages avec 8 tracés sphygmographiques dans le texte. 1 fr. 50

REGNAULT (PAUL). **De l'hygroma du genou.** Traitement par la ponction suivie d'injection iodée. In-8 de 58 pages. 1 fr. 50

RELIQUET. **Action des courants électriques continus sur les spasmes de la vessie, de l'urèthre et des uretères causés par des graviers rénaux.** Grand in-8 de 7 pages. 50 c.

— **Incrustations calcaires de la paroi vésicale et pierre volumineuse immobile non adhérente** In-8 de 15 pages. 50 c.

— **Traité des opérations des voies urinaires.** 1 vol. in-8 de 820 pages, avec figures dans le texte. Le volume cartonné en toile. 11 fr.
     Ouvrage couronné par l'Académie de médecine.

REVILLIOD. **Étude sur la variole.** In-8 de 38 pages et 1 tableau. 1 fr. 50

REZARD DE WOUVES. **Causes de l'abandon et de la mortalité des nouveaunés et des moyens de les restreindre.** In-8 de 22 pages. 1 fr.

RIGAUD (ÉMILE). **Examen clinique de 398 cas de rétrécissement du bassin observés à la Maternité de Paris de 1860 à 1870.** In-8 de 143 pages. 3 fr.

RIZZOLI. **Clinique chirurgicale.** Mémoire de chirurgie et d'obstétrique. Ouvrage traduit par le docteur ANDREINI. 1 vol. in-8 avec 103 figures intercalées dans le texte. 12 fr.

ROBIN. **Travaux de réforme dans les sciences naturelles et médicales, etc.**
Tome Ier. Fascicules 1 et 2, prix de chaque   2 fr. 50
T. II, 1er fascicule.   1 fr. 75

ROCHARD. **Projet de création d'un hôpital sur l'eau.** In-8.   1 fr. 25

ROGER et DAMASCHINO. **Recherches anatomo-pathologiques sur la paralysie spinale de l'enfance** (paralysie infantile). In-8 de 51 pages et 4 planches. 3 fr. 50

ROMMELAERE. **De la pathogénie des symptômes urémiques.** Étude de physiologie pathologique. In-8 de 80 pages avec 2 planches.   2 fr. 50

ROALDÈS (de). **Des fractures compliquées de la cuisse par armes à feu.** In-8.   2 fr.

ROUBAUD (FÉLIX). **Les eaux minérales dans le traitement des affections utérines.** In-8 de 190 pages.   2 fr. 50

ROUDANOWSKY. **Études photographiques sur le système nerveux de l'homme et de quelques animaux supérieurs, d'après les coupes de tissu nerveux congelés.** In-8 de 64 pages, avec atlas in-folio de XVI planches contenant 165 photographies. *Deuxième édition*, revue et corrigée.   170 fr.
    Le texte se vend séparément.   3 fr.
    Demi-reliure maroquin de l'atlas in-folio, monté sur onglets.   10 fr.

ROUGE, chirurgien de l'hôpital cantonal de Lausanne. **L'uranoplastie et les divisions congénitales du palais.** In-8, avec figures intercalées dans le texte.   3 fr.

ROUVILLE (PAUL DE). **Session de la Société géologique de France à Montpellier** (octobre 1868). Compte rendu. In-8 de 154 pages, avec 21 planches.   7 fr.

SAISON. **Diagnostic des manifestations secondaires de la syphilis sur la langue.** In-8.   1 fr. 50

SAPPEY, professeur d'anatomie à la Faculté de médecine de Paris, etc. **Traité d'anatomie descriptive**, avec figures intercalées dans le texte. *Deuxième édition*, entièrement refondue. Tome Ier : OSTÉOLOGIE et ARTHROLOGIE. 1 vol. in-8 avec 226 fig. — Tome II : MYOLOGIE et ANGIOLOGIE. 1 vol. avec 204 figures noires et coloriées. — Tome III : NÉVROLOGIE et ORGANES DES SENS. 1 vol. in-8, avec 304 figures.
    Prix des tomes I, II et III.   36 fr.
    Tome IV, 1re partie. **Splanchnologie.** avec fig.   6 fr.
    — 2e partie. **Embryologie.** avec fig. *Sous presse.*

SCAGLIA. **Des différentes formes de l'ovarite aiguë.** In-8 de 116 pages.   2 fr.

SENTEX. **Étude statistique et clinique sur les positions occipito-postérieures.** In-8 de 150 pages.   3 fr.

SERRE. **Classification clinique des tumeurs.** In-8 de 130 pages.   3 fr.

SERVAJAN. **De l'aquapuncture.** In-8 de 56 pages.   1 fr. 50

SILHOL. **Pièces et documents sur la dernière peste languedocienne de 1721-22, suite de celle de Marseille.** In-8.   2 fr. 50

SOULIGOUX. **De la durée du traitement thermal à Vichy.** In-8 de 15 pag.   50 c.

STAUB. **Traitement de la syphilis par les injections hypodermiques de sublimé à l'état de solution chloro-albumineuse.** In-8 de 100 pages.   2 fr.

SUCHARD. **De l'expression utérine appliquée au fœtus.** In-8 de 83 pages. 2 fr.

SUCQUET. **De l'embaumement chez les anciens et chez les modernes, et des conservations pour l'étude de l'anatomie.** 1 vol. in-8. 5 fr.

TACHARD. **De l'électricité appliquée à l'art des accouchements.** In-8. 1 fr. 50

TAMIN DESPALLES. **Alimentation du cerveau et des nerfs.** 1 vol. in-8 avec 3 planches. 7 fr.

TARDIEU. **Huitième ambulance de campagne de la Société de secours aux blessés (campagnes de Sedan et Paris. 1870-71).** Rapport historique médical et administratif. In-8 de 107 pages. 2 fr.

TARNOWSKY. **Aphasie syphilitique.** In-8 de 131 pages. 3 fr.

TASSET. **Nouvelles considérations pratiques sur le typhus, la fièvre jaune, les fièvres intermittentes pernicieuses paludéennes et la verrue péruvienne.** In-8 de 64 pages. 2 fr.

THOMPSON. **Traité des maladies chroniques**, trad. de l'anglais. In-12 de 72 pages. 1 fr.

TOUTAIN. **Nouvelle méthode d'application de l'électricité pour la guérison des maladies.** 1 vol. in-12 de 352 pages. 5 fr.

TROELTSCH (DE). **Traité pratique des maladies de l'oreille**, traduit de l'allemand sur la 4e édition (1868), par les docteurs A. KUHN et D. M. LEVI. 1 vol. in-8 de . 560 pages, avec figures dans le texte. Le volume cartonné en toile. 8 fr. 50

VALCOURT (D.). **Impressions de voyage d'un médecin.** Londres, Stockholm, Pétersbourg, Moscou, Nijni-Novgorod Méran, Vienne, Odessa. In-8 de 48 p. 1 fr. 30

VERDUN. **Essai sur la diurèse et les diurétiques.** In-8 de 67 pages et 1 planche. 1 fr. 75

VERWAEST. **Étude générale et comparative des pharmacopées d'Europe et d'Amérique.** In-8 de 90 pages et 1 tableau. 2 fr. 50

VÉTAULT. **Considérations étiologiques sur l'hydrocèle des adultes.** In-8 de 62 pages. 1 fr. 50

VILLARD. **Du hachish.** Étude clinique, physiologique et thérapeutique. 2 fr.

VILLARD. **Étude sur le cancer primitif des voies biliaires.** In-8. 1 fr. 50

VISCA. **Du vaginisme.** In-8 de 148 pages. 2 fr. 50

VOYET. **De quelques observations de thoracentèse chez les enfants.** In-8 de 100 pages. 2 fr.

WATELET. **De la ponction de la vessie à l'aide du trocart capillaire et de l'aspiration pneumonique.** In-8 de 46 pages et 2 planches. 1 fr. 50

WEBER. **Des conditions de l'élévation de la température dans la fièvre.** In-8 de 80 pages. 2 fr.

WECKER et JÆGER. **Traité des maladies du fond de l'œil.** 1 vol in-8, accompagné d'un atlas de 29 planches en chromolithographie. 35 fr.

WECKER, médecin-oculiste de la maison Eugène-Napoléon, professeur de clinique ophthalmologique, etc. **Traité théorique et pratique des maladies des yeux.**

2ᵉ édition revue et augmentée, accompagnée d'un grand nombre de figures dans le texte et planches lithographiées. 2 forts vol. in-8 avec un joli cartonnage en toile. 26 fr.

WECKER. **Clinique ophthalmologique.** Relevé statistique de 1871. In-8. 1 fr.

WECKER. **De la greffe dermique en chirurgie oculaire.** In-8. 50 cent.

WILLIÈME. **Des dyspepsies dites essentielles.** Leur nature et leurs transformations, théorie et pratique. 1 vol. in-8 de 620 pages. 8 fr.

WOILLEZ. **Traité clinique des maladies aiguës des organes respiratoires.** 1 vol. in-8 de 700 pages, avec 93 figures intercalées dans le texte et 8 planches en chromolithographie. 13 fr. broché. Cartonné. 14 fr.

Bulletins de la Société anatomique de Paris. Anatomie normale, anatomie pathologique, clinique. Abonnement à l'année courante. 1 vol. in-8. 7 fr.

Comptes rendus des séances et Mémoires de la Société de biologie. Abonnement à l'année courante. 1 vol. in-8 avec figures coloriées. 7 fr.

Revue photographique des hôpitaux de Paris. Abonnement à l'année courante. 1 vol. in-8 avec 36 photographies. 20 fr.

— Année 1869. Grand in-8 de 192 pages avec 36 photographies et figures dans le texte. Relié en 1 vol. demi-chagrin non rogné et doré en tête. 25 fr.

— Année 1870. Grand in-8 de 256 pages avec 32 photographies et figures intercalées dans le texte. Rel. 25 fr.

— Année 1871. Grand in-8 de 320 pages et 36 photographies. Rel. 25 fr.

Sous presse pour paraître prochainement :

Clinique médicale de l'Hôtel-Dieu, par Noël Gueneau de Mussy. 2 vol. in-8.

Leçons de clinique médicale faites à l'hôpital de Lariboisière par le docteur Jaccoud. 1 vol. in-8 avec planches lithographiées.

Traité des maladies de la peau, par le docteur Gailleton, médecin de l'Antiquaille de Lyon. 1 vol. in-8.

Traité élémentaire d'anatomie et physiologie pathologique, par le docteur Lancereaux. 2 vol. in-8 avec figures dans le texte.

Manuel de pathologie et de chirurgie de l'appareil urinaire, par le docteur Mallez. 1 vol. in-12 avec figures et planches en chromolithographie.

Traité des maladies du larynx et des régions circonvoisines visibles au laryngoscope, par le docteur Charles Fauvel. 1 vol. in-8 avec planches coloriées.

Études cliniques sur la paralysie générale, par le docteur Magnan, médecin de l'asile Sainte-Anne. 1 vol. in-8.

Traité de médecine légale, par le docteur Bergeron (Georges), professeur agrégé à la Faculté de médecine de Paris. 1 volume in-8 avec planches.

Guide des Européens dans les pays chauds, par le Dʳ Saint-Vel. 1 vol. in-12.